时尚入门妆容课

My Wannabe

我最想要的化妆书

[韩] 边惠玉 著

李美子 译

广西科学技术出版社

著作权合同登记号　桂图登字：20-2009-073

My Wannabe Makeup Book By 边惠玉　Byun hyeok
Copyright 2009© 边惠玉　Byun hyeok
All rights reserved
Simplified Chinese copyright © 2010 by **Guangxi Science & Technology Publishing House**
Simplified Chinese language edition arranged with CHOSUN LIVING MEDIA INC.
through Eric Yang Agency Inc.

图书在版编目（CIP）数据

我最想要的化妆书／（韩）边惠玉著；李美子译.—南宁：广西科学技术出版社，2010.1（2018.1重印）
ISBN　978-7-80763-357-0

Ⅰ.我…　Ⅱ.①边…　②李…　Ⅲ.女性-化妆-基本知识　Ⅳ.TS974.1

中国版本图书馆CIP数据核字（2009）第218761号

WO ZUI XIANG YAO DE HUAZHUANG SHU
我最想要的化妆书

作　　者：[韩] 边惠玉			译　　者：李美子	
责任编辑：陈恒达　刘　洋			封面设计：嫁衣公舍	
责任校对：曾高兴　田　芳			版式设计：蒋宏工作室	
责任审读：梁式明			责任印制：林斌	

出版　人：卢培钊　　　　　　　　　　　　出版发行：广西科学技术出版社
社　　址：广西南宁市东葛路66号　　　　　邮政编码：530022
电　　话：010-53202557（北京）　　　　　0771-5845660（南宁）
传　　真：010-53202554（北京）　　　　　0771-5878485（南宁）
网　　址：http://www.ygxm.cn　　　　　　在线阅读：http://www.ygxm.cn

经　　销：全国各地新华书店
印　　刷：北京尚唐印刷包装有限公司
地　　址：北京市顺义区牛栏山镇腾仁路11号院　　　　邮政编码：101399
开　　本：889 mm×1194 mm　1/24
字　　数：120千字　　　　　印张：6.5
版　　次：2010年1月第1版
印　　次：2018年1月第31次印刷
书　　号：ISBN 978-7-80763-357-0/R·71
定　　价：29.00元

版权所有　侵权必究

质量服务承诺：如发现缺页、错页、倒装等印装质量问题，可直接向本社调换。
服务电话：010-53202557
团购电话：010-53202557

这么容易的化妆术！
她们全能学会，你也一定可以！

⊙ 看了你的书，让我深深地觉得名牌化妆术胜过名牌化妆品！

——最不短

⊙ 很久以前就是粉丝了，上次跟着博主的介绍化了从没尝试过的眼妆，周围人都说很漂亮！这都是日本大婶的功劳！

——拉夫林蔡利亚

⊙ 看了日本大婶的博客之后，原本对化妆一窍不通的我，现在每天都在开心地化妆呢！

——yyj9000

⊙ 很想化妆，但因为没入门不太会，总被闺蜜们嘲笑化得太土。多亏了日本大婶，最近常常得到表扬呢！

——sarah

⊙ 说明文字写得太棒了，一看就懂！多亏日本大婶，我现在也能化出美丽的眼妆了。

——clara

⊙ 天才般的化妆能力和幽默风趣的说话术。

——fan 嘻嘻

⊙ 这是我至今看到的所有化妆法的说明中最详细的！其他很多化妆书的说明看几遍也不理解。但是这个博客还有照片，还有亲切的说明，我认为这就是 BEST！

——saeni

⊙ 对于像我这种不懂化妆的人来讲，这本书就像教科书一样简单明了。谢谢！

——人鱼公主

⊙ 每次关于化妆的文章都能上首页！真的太了不起了！

——suna

CONTENT

Chapter 2
化妆的核心——眼妆

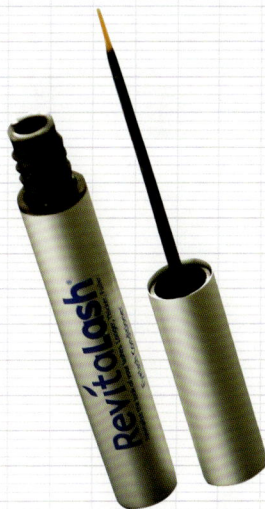

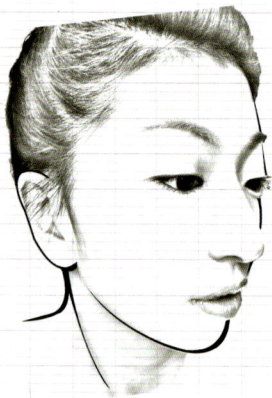

Chapter 5
大婶的 化妆小技巧

Chapter 6
完美的后续工作，
卸妆和补妆

无论你是谁，
都能打造出精致迷人的妆容

大家好，我是花了好几个月来准备这本书的"日本大婶"。

虽然自称为"日本大婶"，但其实我是韩国人。从刚开始闯荡化妆论坛的时候，我就想过很多稀奇古怪的网名，但没有一个特别满意的，后来索性就取了"日本大婶"这个名字。原因有二：一来我现在居住在日本。二来说起来很好笑，我就是特别钟情于"大婶"这个词。我是个想法单一的女人。所以说如果我居住在美国的话，也许就成了美利坚洋大婶，如果居住在非洲，没准就成了非洲土著黑大婶了吧。哈哈！这名字多拉风，不过论坛对网名有要求，不能超过6个字，想得再美也没辙了。

最开始只是因为个人对化妆非常感兴趣，特别喜欢研究怎么把自己变得 blingbling 闪亮亮，也很想让大家分享我的心得，所以就把好多总结出来的方法和秘诀整理出来放到博客上。做梦都没想到的是，我的运气和人气都出奇的好，化妆帖子竟然一个一个全部上了网站首页，获得了超级多的关注，还有很多出版社邀请我将作品结集成书。虽然有些担心，但我可不会一脚踢开出名的好机会，所以就乐滋滋地答应了提议。

好了，不说废话了，向大家交代一下读这本书之前需要了解的事项吧！

① 这是本为不太会化妆的少女和没怎么接触过化妆的姐姐们准备的书

首先，这本书可不是德高望重的业内专家为了传授精妙化妆进阶技巧而写的化妆书，而是我这个"日本大婶"融合了自己10年的化妆经验，将所知的各种化妆关键点和小窍门全部记录下来，为那些刚开始化妆的可爱女孩和平时很朴素，一直没怎么接触过化妆的姐姐们准备的启蒙教材。

所以请放心，我的字典里决不会出现"眉骨"、"眼部结构"、"角度"这些难懂的词，该往什么部位涂抹哪种眼影我都会直接明了地指出。谁让我这么单纯呢！如果你想要专家的指导……呃，这个嘛，买完书就不给退货啦……哈哈！欢迎用板砖拍我！

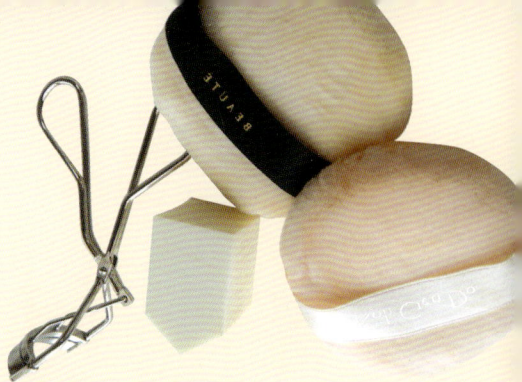

❷ 多彩眼妆各有不同，总有一些适合你

实际上，确实总是会有那么一两种非常适合自己的眼部化妆法，但如果只介绍那一两种手法，然后机械地教大家怎么替换颜色，买书的人肯定会一边说"这缺德缺大发的家伙"，一边把书丢在一边。所以，我准备了很多种化妆法供大家阅读学习，相信众里寻"它"千百度，总有一种适合你！

❸ 我可没有割双眼皮或种眼睫毛

为什么突然提双眼皮的事？那是因为自从写博客之后，网友们最是热衷提关于双眼皮的问题。所以先在这里声明一下，免得大家好奇。如果割双眼皮的话，我可是要做得好看一点呢。像我这样的厚眼皮、鱼泡眼，除非是手术失败，否则怎么可能出现这么吓人的个案！总之我可是百分百的纯天然无添加，是那种晚上拼命吃拉面喝水，第二天肿成大鱼眼，还居然能够保持365天如一日的大厚双眼皮！那么眼睫毛呢？我这个人天生毛孩啦。我只剃毛，不种毛。如果种毛了，我是说如果，那么欢迎"不看不知道，世界真奇妙"栏目赶快来报道报道吧！

❹ 彩妆品中，贵的不一定好哦

如果收集化妆品不是你的兴趣，那么就没有太大的必要去追求昂贵的品牌货。与其选择品牌，还不如选择显色性好、持久力强、粉末掉落少的产品。说到这，肯定会有不少人想了解究竟什么样的产品好用，所以我在这里也简单记了几种自己在家常用的产品。照我看，家里有啥就用啥好了，谁让我是超级节约的大婶呢。

❺ 口碑好不如自己用得舒服，化妆品也是如此

偶尔会有人想让我推荐几种化妆品，特别是基础化妆品。可是即使口碑再好的产品，也会有不

呦呦

适合自己肌肤的情况。就像寻找命运中的 Mr. right 一样，我个人一直在努力寻找适合我的产品。有的时候，涂在别人睫毛上没有一点问题的睫毛膏，涂在我的眼睫毛上就会晕得不得了，这可把我害惨了，明明没有熬夜，却被别人问是不是昨天又去 High 啦，甚至还有人打趣我是不是准备在动物园接熊猫的班要杂技！所以，购买化妆品千万不要冲动，一定要先用一下试用装，要是买回正品之后，才发现不适合你，岂不是要气得吐血。

⑥ 不要因为害怕而抗拒化妆

听说有些人因为害怕眼妆会化到眼睛里而不敢化妆，还有些人因为害怕夹到眼皮而不敢夹睫毛。刚开始的时候谁不是手忙脚乱？日子长了就好了，熟能生巧嘛！如果说化眼妆会导致眼皮肌肤过敏，那当然是不能化。但如果仅仅是因为单纯的害怕，那就干脆想："夹睫毛时夹到眼皮又如何，顶多就是流几滴眼泪嘛！"多夹几次之后，你会发现其实夹睫毛根本不是什么难事。

⑦ 请爱上化妆吧，你会找到全新的自己

爱美之心人皆有之，每次对比化妆前后判若两人的自己，我都会更加由衷地喜欢化妆，实在太有趣了。化妆会让肌肤变得干净清透，让眼睛更加明亮有神，还能变出浓密的眉毛，真是超级 Good。总之当你享受着化妆的乐趣，每天开心地把自己扮漂亮的同时，你会感觉到自己的化妆技巧越来越专业了。但是，如果妆化得过浓，小心变成另外一个人哦。

⑧ 妆要为自己而化

很多人说化妆是社交场上的必备礼仪，但对于我来讲，虽然知道在公共场合素颜显得不够礼貌，会影响别人心情，但我化妆的最主要动机还是为了悦己。如果除了家人，有两人以上指出你妆容上的

缺点，可以试着改变一下手法。但是如果只有一个人说"喂，你的妆好奇怪"时，忽视她吧。那肯定是因为她妒忌你太美了，或者她不是很熟悉这种化法才那么说的。别把什么事都想得那么复杂，单纯把化妆当成是提升自信的方法就好。

❾ 要爱自己的脸，包括那些小瑕疵

真的会有人认为自己的脸完美无瑕吗？要知道，那些总是为脸上的缺点而怯懦的人，即使化了妆也不会让自己满意，最后反而会讨厌装扮。请喜欢脸上的缺点吧。例如："我的肌肤集中了所有问题，原本就是这副德性，所以即使用错了化妆品，也不会很明显，哈哈哈。"能够帮助你遮住缺点、提升优点的，不正是化妆吗？希望大家都能从我即将介绍的方法中，选择最适合自己的化妆法，化出将那些讨厌的缺点也变成优点的魅力妆容。

最后，向直到出书为止一直在身旁支持我的亲友们，刚开始还对我写博客愤愤不平，而现在却引以为豪的老公，以及力挺我博客的"大婶粉丝团"成员们，表示我最真诚的谢意。真的非常感谢你们！

Chapter 1

化妆的基础，
肌肤与眼神的表现

要想化出可爱的彩妆，

基础妆一定要剔透无瑕，这些大家都知道吧?

这一章主要是告诉大家利用底妆让脸蛋充满生机的肌肤表现法，

以及修眉、画眼线、涂睫毛膏等眼部表现的基本方法。

妆前肌肤护理

如果说肌肤底子好，像刚剥开的鸡蛋一样又滑又嫩，那么只需要简单的修饰也会很可爱。但我的肌肤问题大了，属于那种扔给狗都不要的类型，因此底妆的遮瑕修饰尤为重要。

首先，在化基础妆之前，为了让肌肤更好地吸收基础化妆品，我们需要做一些准备。

◎ 妆前准备

在洗完脸之后，首先要仔细地涂抹好适合自己肌肤的基础护肤品。仔细的目的在于，要留给肌肤能充分吸收化妆水、乳液、乳霜等的时间。只有遵守这一条，才能让肌肤更有活力，使底妆与肌肤完美贴合。尤其是使用啫喱状基础产品时，如果没有使它完全被吸收，会有啫喱到处打滑的现象，如果这时再粗心地上基础妆，那效果搞不好会像吃了满脸荞麦面条啊。好好吃……

即使做了补水，可肌肤看起来还是有些暗沉，同时摸起来触感也有点粗糙不平滑，或者在使用精华液和面霜之后，感觉很长一段时间之内，护肤品都"浮"在肌肤表面而不能迅速被肌肤吸收时，那就是脸部角质过多的表现！我们一起来简单地去角质吧！最简单的方法是先用卸妆油按摩 1 分钟，再用泡沫洁面产品洗脸。或者利用提升产品（Boost，作用是帮助吸收基础产品）也可以。我可不建议使用工具在脸上刮来刮去，疼死了。

出现角质的原因除了缺少水分以外，还有可能是缺少油分。每当换季的时候，就像动物需要更换体毛一样，我们的脸部多多少少都会有肌肤干燥或油分过多的情况。如果干燥，妆就会浮在肌肤之上，宛如奇人。所以干性肌肤的人要多擦营养丰富的精华液或树液，或者用营养霜维持脸部滋润。我属于缺少水分引起的痤疮性肌肤。谁让我们是同病相怜的邻家大婶呢，等一下我会专门告诉大家，针对像我这种问题型肌肤和油性肌肤的去除干燥保湿大法。

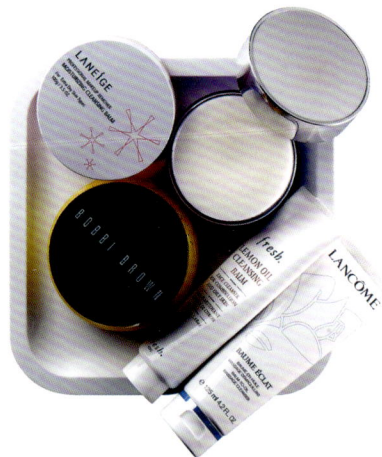

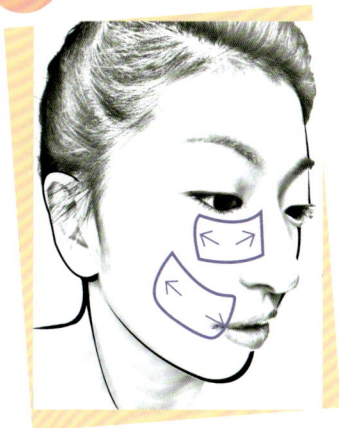

油性肌肤保湿防干燥秘法

TIPS

先用化妆棉蘸化妆水，顺着肌肤纹理擦拭干净，再拿出新的化妆棉，蘸上充足的化妆水，贴在双颊上，敷一个化妆水面膜（见图示）。整脸共使用 4 张化妆棉。额头因为属于 T 字区部位，一年 365 天出油，根本没有干燥的时候，所以可以省略。不要像图上那样只贴一边脸，两边都要贴哦。按照箭头所指的方向，向两侧延展开再贴，效果更佳。保持此状态 3 分钟，取下化妆棉，用手指轻轻拍打肌肤，然后进入擦乳液或啫喱的阶段！进入正式化妆之前要空出 5 分钟以便让肌肤彻底吸收基础护肤品。如果实在没事做，可以躺在地上，左翻翻，右翻翻，滚来滚去。嘻嘻，别碰到你的脸就好！

化妆的基础，肌肤与眼神的表现

Chapter *1* · 15

妆前修饰——防晒、饰底、隔离

现在开始，我就要介绍化妆的基本技法了。就像每一个人的口味都不尽相同，同样的粉底用在不同人的脸上，效果也会不一样。所以说，推荐化妆品实在是很难的事情。但是寻找到适合自己的那一种，还是有方法的，现在我就把这方法告诉大家！找到适合自己品味的化妆品和适合自己的化妆方法，一定可以脱胎换骨，变身完美达人！

◎妆前修饰产品种类

底妆基础产品种类包括防晒霜、饰底乳、隔离霜等。皮肤科医生曾说过，防晒霜是必须擦的，而且睡觉前是一定要卸掉的，因此防晒霜被归为了底妆中的一种。可是老实说，我不太相信防晒霜的力量。其实很多乳液、粉底、粉饼中都含有防紫外线成分，因此我干脆省略了擦防晒霜的程序。饰底乳是让肌肤充满元气好颜色的保障品，肌肤偏红要擦绿色饰底乳，暗沉发黄的话涂蓝色饰底乳，黑眼圈要用黄色饰底乳，另外，含有珍珠成分的饰底乳能使脸部整体表现得明亮华贵，但这只是在淡妆的情况下！

隔离霜通常以遮盖毛孔和控油能力著称。可是像我的毛孔这样大得惊人的，隔离霜根本起不了作用，只能起到控油的效果而已。

一般情况下，涂完这三种底妆产品之后，双颊就已经快超重了。为了打造零负担的心机妆容，一定要选择适合自己肤质的类型，如果这三种全部都要使用，一定要取少量，一部分一部分地涂，并且要让肌肤很好地吸收。记住噢，少量，少量！

⊙ 防晒霜

就像平时擦乳液一样，均匀涂抹于脸部。为了防止产生浮妆现象，要轻轻拍打使其更好地吸收。

⊙ 饰底乳

可以均匀涂抹于整脸，也可根据脸部情况进行局部修饰。

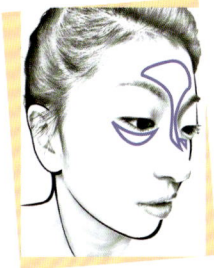

黄色、白色饰底乳

黄色、白色饰底乳用于打高光，只涂于图片所示的部分就好。涂于眼底可遮盖黑眼圈。

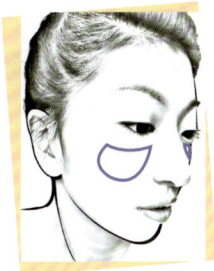

红色饰底乳

这个颜色的饰底乳适合苍白的肌肤。对于那些脸上有痘印或红血丝的人来讲，简直就是毒药！

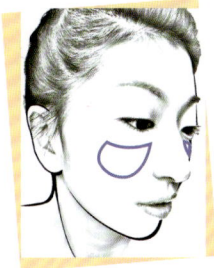

绿色饰底乳

用绿色饰底乳遮盖粉刺痘痘。不必按图示涂抹，只要在粉刺严重的部分，整体抹匀就好。需要注意的是，不能像擦遮瑕膏似的只涂某一点，要温柔地将局部涂匀。

⊙ 隔离霜

能使肤色变得柔和，但是一不小心擦厚时，皮肤容易干燥。

首先在两颊内侧靠近鼻子处涂抹少量隔离霜，再用手指平铺于脸部整体。眼角和法令纹的部分不用涂。毛孔明显的鼻翼部分，只要将手指上残留的隔离霜拍涂上就好。鼻梁要涂抹出若有似无的感觉，如果涂抹得过于厚实，会很容易脱妆。但如果因此而不涂，鼻梁就会"独树一帜"，让毛孔变得非常戏剧化。

化妆的基础·肌肤与眼神的表现

底妆：粉底 & 遮瑕膏

粉 底

◎粉底的种类

大体分为膏状、霜状、液态。当然，还有喷雾、粉末、粉饼式粉底。真是奇妙的世界啊……"与其按种类分，还不如挑个叫得响的明星品牌，再从中找到适合自己的就好。"我完全可以做出如此没诚意的回答。然后被大家骂得肚子鼓鼓的，今天晚上都不用吃饭啦。不过，还是介绍一下各个类型的优缺点为好，是吧?

◎粉底不同种类之优缺点

膏状粉底的优点是遮盖能力非常强大。而且如果掌握了一定的化妆技术，比起液态或霜状粉底，膏状其实能涂抹得更薄更匀，因此对肌肤的负担也会少一些。但因为膏状粉底会有些干燥，所以涂完之后最好再用喷雾湿润一下肌肤。

霜状粉底的优点在于兼具膏状粉底的覆盖力和液态粉底的柔和性。但是一不小心，就会涂得很厚，因此一定要控制涂抹量! 如果想获得更佳的修饰效果，请重复少量多次的涂抹方式。

液态粉底就是我们俗称的粉底液，它最大的优点在于质地柔和、保湿能力强。使用液态粉底可以使妆容透亮轻薄，没有面具感，因此适用于裸妆，但在遮瑕能力方面却远不如前两种。这个时候配合使用遮瑕膏会很好。不过，现在市场上诸多粉底液当中，也有很多遮瑕力很不错的产品，仔细观察就可以找到比较稠的、接近于霜状的类型。只是这样的产品容易干燥。购买之前请在手背上做一下试验，如果刚一涂完，立马就干掉了的话，还是放弃吧。

喷雾式粉底具有不用沾手、只要轻轻喷于脸部即可的优点。但是如果喷得不均匀，很容易导致凝结一团或者薄厚不均的情况。所以最后还是要利用海绵，仔细抹匀。

最近比较流行的还有矿物质粉状粉底，这种粉底在上完后让肌肤呈现天鹅绒般的亚光效果，干净自然。但是如果使用的粉刷不够好，就很容易刺激肌肤，一不小心还会涂得过厚，显得过分光亮，因此利用粉刷涂粉底之前，要记得先轻轻拍一拍刷子，拍除多余的粉末。

粉饼式粉底具有粉饼的柔和感和粉底的覆盖力，因此省略粉底和粉饼，只擦粉饼式粉底也可以。但是这种产品的保湿力比较差，还有可能会擦得厚重。如果你选择擦粉饼式粉底，那么请一定省略擦粉！其实连粉底也可以省略，但是需要绝对的覆盖力时，先擦一层薄薄的粉底，再擦粉饼式粉底就好。

家里的粉底没有特别的问题，遮瑕能力也适中，正好贴合肤色，那真是可遇不可求啊！你就继续使用那个产品吧。如果其他方面都好，只是差一点遮瑕力，那么配合着使用遮瑕膏就好；如果不太适合肤色，那么可以跟其他颜色的粉底混合使用。粉底的颜色不适合肤色时，会让脸色暗沉发黄，因此一定要根据自己的肤色选择粉底的色号。但如果是让肌肤问题不断的产品，那我诚恳地劝你换个试一试。对抗敏感，没有其他妙招了。

遮瑕膏

遮瑕膏的世界太难懂了。尤其像我这样的敏感性肌肤，脸部过敏严重的人，即使用多少遮瑕膏也很难遮盖得完美。遮瑕膏要在粉底之前涂，还是之后涂，没有正解。使用水分充足的粉底液时，如果先擦遮瑕膏，再推粉底液就很容易破坏刚遮盖的部位，因此使用粉底液时，涂遮瑕膏要在粉底之后。而使用水分不是很多的粉饼粉底时，如果将遮瑕膏涂在粉底之上，会出现浮妆，因此涂遮瑕膏要先于粉饼粉底。

用来遮黑眼圈的遮瑕膏具有柔和的涂抹效果，但遮盖疤痕和斑点的遮盖力却不够强。另外，眼底肌肤通常比其他部分干燥，只要擦得稍微厚些，就会裂得像干涸的田地那样，惨不忍睹。因此黑眼圈遮瑕膏要选择液态状的产品，并且要擦得很薄。而遮盖疤痕部分的遮瑕膏则选择固态状为好。不过，如果用手指涂抹固态遮瑕膏，不仅涂不均匀，膏体反而会被手指推到一边，疤痕部分还是会显露无遗。因此，要在需要遮盖的部分薄薄地点上遮瑕膏之后，用手指轻轻拍打周围，才能温柔地铺匀。另外，涂抹遮瑕膏时，使用遮瑕膏刷会比用手指抹得更薄。抹完之后拍匀周围时再用手指比较好。

化妆的基础，肌肤与眼神的表现

TIPS ⊙使用工具擦粉底

巧用粉底刷

最近很多人都在使用粉刷擦粉底吧？擦液态粉底时，用粉刷擦很好，能够将液体推开，让妆感变轻薄，不过会有一些刷过的印迹，因此最后还要用粉扑轻轻拍一拍，使粉底更好地吸收。越是乳状的粉底，粉刷痕迹会越明显。教大家一个小窍门吧，这个时候可以先在粉刷上喷点水再使用，不过这样做，粉底的覆盖和遮瑕的能力会比原来差很多，而且不宜于化脓性痤疮肌肤或持续性皮炎的皮肤。理由是？我试过千百次了，就是那样。不要多疑，就相信我这个老太婆的话吧！

使用粉底刷时要按照图示从下向上来回擦，这样能减少粉刷痕迹。而且不能用力按压，要温柔地刷。

巧用粉扑

液态或乳状的粉底不宜用粉扑，因为粉扑的吸收力太强。但是擦粉底膏时，使用粉扑效果更好。我对粉扑情有独钟，真奇怪！但是用粉扑擦粉底的时候，切勿用力拍打。一定要在将膏体均匀铺在脸上后，再轻拍，不然很容易擦厚。

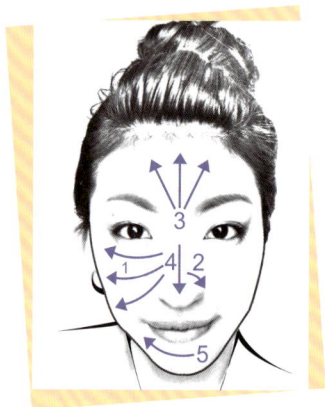

哈哈，这张图算是本部分的精华之处了，大家看好哦！粉底要按此图示的顺序涂抹。1、2、3部分要蘸取粉底来涂抹，4部分则利用残留在海绵上的粉底来涂抹。也许有人会问："鼻子为什么不蘸取粉底来涂？"要知道鼻子出乎意料地容易出油、出汗而让妆面变花。每当化浓妆的时候，这种现象就会如期出现。所以鼻梁处，只要用剩下的粉底稍微抹一抹就好。这样做可以避免脱妆鼻梁"独树一帜"，闪闪发光。

粉饼的种类 & 工具

◎ 粉饼的种类

　　粉饼类型超多，其中有珠光粉饼那样富有光泽感的，也有像"双层蛋糕"那样遮盖力极佳的，还有专业控油的粉饼等。珠光粉饼中含亮晶晶的闪粉，如果颗粒比较大的话，虽然闪闪亮很可爱，但擦在痤疮性肌肤上，会给人散乱的视觉效果。"双层蛋糕"那样的粉饼一般会代替粉底使用。但是在已经擦有粉底的上面，再擦"双层蛋糕"会显得妆感过厚。或者在"双层蛋糕"上再擦粉饼时，脸上会出现农田龟裂的景象，好可怕……

　　还有，控油粉饼要擦在 T 字部位。如果整体都擦控油粉饼，会使肌肤过于干燥。即使是油性肌肤，也不宜擦太厚，只需要擦足够控油的量就好！

　　混合型肌肤不使用粉饼也可以，不过只在 T 字部位稍微按一按控油粉饼会更好。而油性肌肤就用少量控油粉饼，整体轻轻按一按就好。绝对不要拍得那么狠！

TIPS ⊙ 粉饼的工具

大头刷

　　这是擦完粉之后轻轻扫一扫，或者擦完有色粉之后扫除掉落粉末的刷子，倒不是必需的产品。

短柄毛刷

　　这种毛刷主要用于扫散粉，不过擦一般粉饼时也可以使用。用毛刷稍微蘸取一些粉，再温柔地扫一扫脸颊，控油及定妆效果都很好。用一般的粉刷会比用这种短柄刷擦得更薄。

粉扑

　　我们最常使用的就是粉扑。蘸上少量粉，在脸上轻拍。不要把自己的脸当成大鼓，使足劲拍打，一定要轻轻地、让脸颊稍有触感便好。以前，我曾因油性肌肤的缘故，擦过很厚的粉，但是今年夏天就很少用粉饼了，没想到下午晕妆的现象反而减轻了很多。干性肌肤的人，一年四季都可以不用擦粉饼。如果说非要使用粉饼，就用粉扑蘸取蚂蚁鼻孔（茶匙 1/20 的分量，极少量）大小的粉饼，先在手背上轻轻打圆，再轻轻擦在脸上，只要能去除化妆品的油分就可以了。

不同肤质的基础妆打造顺序

　　每个人的肤质不尽相同，但是看杂志和电视中的模特儿的肌肤好像通通那么好，而且化妆方法也都一样，然后到了介绍产品的时候，又说产品的遮瑕能力有多好之类的话，好像她们素颜很可怕似的……真是伤心。所以，我在这里想告诉大家不同肌肤类型的不同基础妆化妆顺序。

◎ 几乎没有肌肤问题

基础护肤→防晒霜

　　可以大肆炫耀"没办法，我就是洁白无瑕"的人，这样就足够了。说实话，拥有这种肌肤的人，就是擦了泥土也会漂亮。呜呜呜！防晒霜要选择肤色或米黄色产品就好。紫色或绿色会显得浮妆。在此基础上，若有需要就用粉饼，不过知道吗？只需要稍微控油就好！

◎ 黑眼圈快要掉地上了

基础护肤→防晒霜→遮瑕膏或饰底乳→粉饼

　　熊猫想找你交朋友的类型。要想遮住这讨人厌的黑眼圈，在眼底擦一层薄薄的遮瑕膏或饰底乳，再使其吸收好就可以。不过要记住遮瑕膏选择液态要比固态好一些。粉饼可擦可不擦。

◎ 兼具遮黑眼圈的功效

基础护肤→防晒霜→遮瑕膏或饰底乳→粉底→粉饼

　　遮瑕膏或饰底乳只需抹在黑眼圈部分，然后抹上粉底。抹完粉底再抹遮瑕膏也可以，但是黑眼圈专用遮瑕膏一般都是液态，比较容易吸收，因此抹完遮瑕膏再抹粉底也不会有晕妆的情况。而且遮黑眼圈时，先抹上遮瑕膏或饰底乳，再抹上粉底，效果就会很自然，但若调换顺序，遮瑕膏会显得比较明显。如果只擦一次遮瑕膏效果并不理想的话，按遮瑕膏（眼底）→粉底→高光粉（眼底）

的顺序涂抹就可以。

◎痘印和毛孔……我是毛孔至尊

基础→防晒霜→隔离霜→粉底→遮瑕膏→粉饼

毛孔粗大得与月球火山口不分上下的类型。如果正在使用的隔离霜兼具防晒功能，那么请不要用它。先擦防晒霜，再于毛孔粗大的部位薄薄地擦上一层隔离霜会更好。当粉底的遮瑕一级棒时，还可以省略使用遮瑕膏。若要使用遮瑕膏，其涂抹顺序是固态、液态、喷雾式的粉底之后，粉饼之前。

◎整体肤色很漂亮，但毛孔稍显粗大

基础→防晒霜→隔离霜→粉底→粉饼

毛孔比较明显的人，请使用隔离霜。所谓身在福中不知福，如果哪一天忘了擦，你就会着实地感觉到它的魔力了。与上述情况一样，如果所使用的隔离霜兼具防紫外线效果，就可以省略擦防晒霜。虽然可以省略擦粉底，但是擦完隔离霜不擦粉底时，毛孔依然会很明显。粉饼也可以省略！

第一次修眉

我是个毛孩，只要几天偷懒不修眉毛，眼睛就会被毛毛覆盖住。这样一来，原本就不耐热的我眼睛会超热。所以，为了给大家演示第一次修眉的过程，我专门拜托了姐姐。

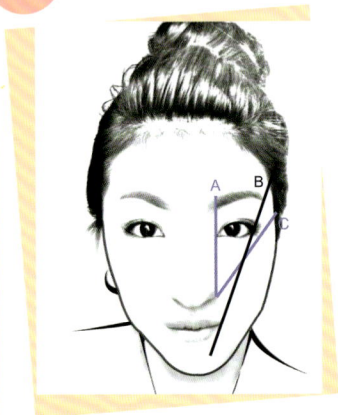

TIPS

每个人都有适合自己的眉形，不过在这里我先告诉你最基本的方法。

如图 A 线，从眉头到鼻翼画出直线作为基准。如图 C 线，连接鼻翼和眼尾，将此直线延长，眉毛若画到与此延长线相交点处，会显得更加成熟。如图中 B 线一样，连接嘴角（这时候不能微笑哦）和眼尾，将此直线延长，眉毛若画到与此延长线相交点处，就会显得更年轻活泼一些。

至于眉峰，最近已经很少画以前那种高高的眉峰了……弯弯的，在眉毛 2/3 处稍微往上调高一下就好。

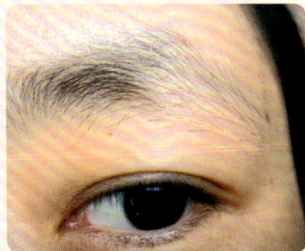

1 为了我留了整整两个月眉毛的姐姐，辛苦了……

2 首先，要一边看着自己的整个脸，一边修剪眉毛。如果一味只盯着眉毛去刮或拔，即使能修理出漂亮的眉形，但很有可能与脸型不协调。先总体整理一下眉毛。额头狭窄的人要多整理眉毛上端，额头宽的人则要多整理下端。

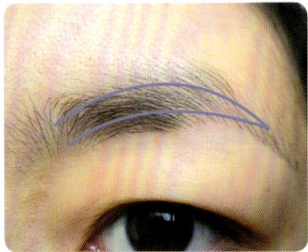

3 就这样，超出自己设计的眉形线以外的眉毛，可全部剃干净。第一次修眉形时，可先用眉笔画好，再刮除出线的部分就好。

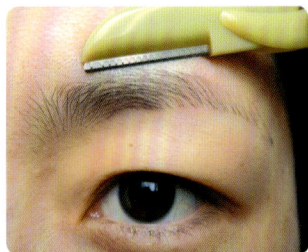

4 眉毛上端也整理一下。其实这部分不是非常重要，只是在眉毛散得东倒西歪的情况下，整理一下会更漂亮。

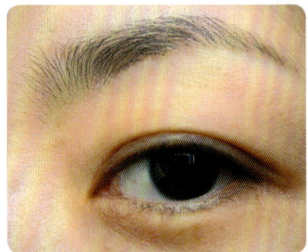

5 好，完成了！

Before

After

Sin、cos、tan 过的眉毛竟然变得这么漂亮！干净漂亮的眉毛，会让人有化了妆的感觉，双眸显得更加炯炯有神！不过，一定要看着整体的脸型去修眉形哦。不要让原本打算修出宋慧乔那样浓密漂亮眉毛的你，一不小心变成一根眉哦。要注意的是，如果将眉毛修得过于细薄，会显得有些轻佻。所以一定要看着整体的脸型修剪！

日常修眉

　　化出适合自己眼形的眉毛真的不简单。我确实是有很多毛毛的女人，但眉毛却长得稀稀疏疏。如果你觉得修剪毛毛太吃力，也不用担心，因为现在有很多专门做修眉服务的地方。但，只要稍微练习一下，就能保住自己的零用钱。

TIPS　工具

在家里的某个角落找到的眉梳。

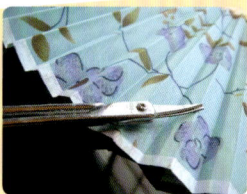
美容小剪刀。

曲线刷。用已经干了的睫毛膏刷头就成了。

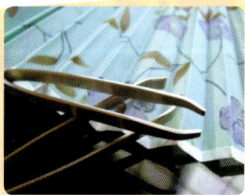
镊子。

刮眉刀。

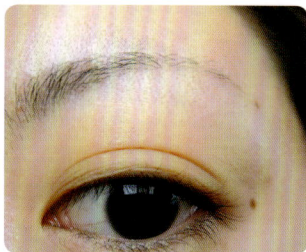

1 为了修理眉毛，故意留长了毛毛。我是连眼窝部分都能长毛的毛孩儿。

2 虽然不知道这个工具叫什么名字，但是翻一翻角落，基本上大家都能找到它。利用这个工具顺着箭头方向梳理眉毛。

3 然后用尖头美容剪刀，稍微剪一剪过长的毛毛。

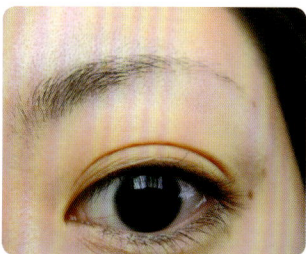

4 变成这种模样了吧？然后用炫耀力满分的镊子，拔掉眉骨上的毛毛。

5 虽然不能干净到完美，但做到这个程度已经不错了。

6 用眉梳从上往下轻轻梳，用美容剪刀剪下从梳子缝隙露出头来的毛毛。不过，要在眉梳与肌肤间稍留一定间距，不然剪完之后会变成"小寸头"。

7 再用刮眉刀刮掉上下毛毛，但要是挥刀如大侠，一不小心会出来蒙娜丽莎，因此要留出设计好的眉形，只刮多余的部分。

8 修眉结束！然后试着画一画眉毛。

画出完美眉毛

整理完眉毛了，现在就该画眉了！最近出了很多画眉套装，里面有眉钳、眉刷、两三种颜色的眉粉产品。不过，很贵！

TIPS 工 具

用于蘸取眉粉来画眉的棉棒。

显色比较淡，非常好用的硬芯眉笔。

还有这种类似睫毛刷的画眉工具。不过这种工具上有液体，比较难控制。

此外还有液态的，蘸在毛刷上使用；也有像眼影一样的粉末状。使用适合自己眉形的产品就好了，是吧？

1 首先用显色效果并不明显的硬眉笔，轻轻画一画眉尾，填满稀稀疏疏的眉毛根部。

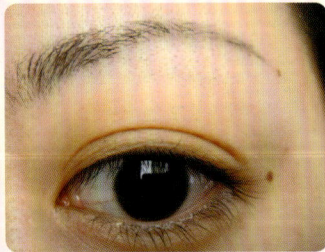

2 就这样，但不要将眉尾画得过长和下垂，要看着自己的脸型找准平衡！

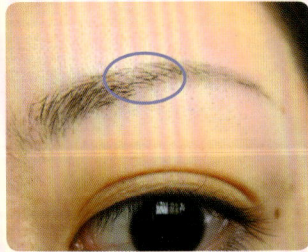

3 还要填充线内可怜的空白。

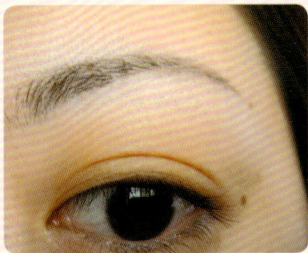

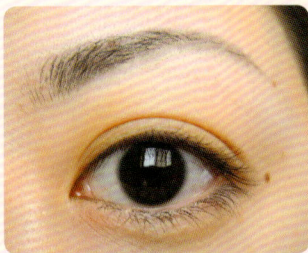

5 然后再次用硬笔画一画，除了眉毛前端之外的整体眉毛。刚开始就画整体，会使稀稀疏疏的部分显得更白。

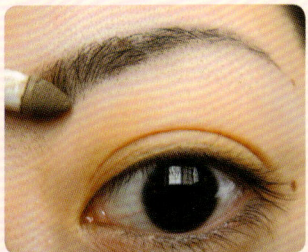

4 就像这样。

6 然后，用真正的淡色化眉产品，稍微画一下眉毛前端。切勿画得太重。

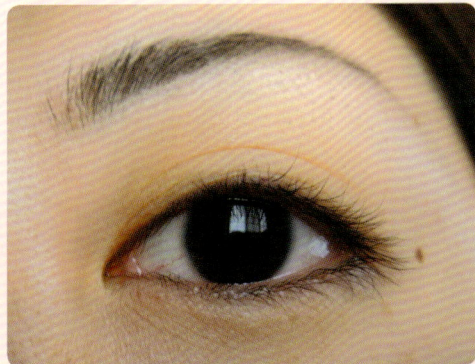

7 完成！整洁自然的眉毛，不错吧？

眼线种类

眼线液。虽然可以画得非常细致，但谁也免不了突然手发抖，刚入门就用眼线液很容易失误连连。不过，这种类型的眼线会使眼形鲜明，持续性也好。

硬芯眼线笔。虽然比较容易晕妆，但描绘效果比较柔和自然。化烟熏妆时，眼线笔是用来表现层次感再好不过的产品。不过一定要选择质地柔软的产品。虽然有防晕妆的超硬铅笔，但它不仅给眼睛带来负担，还不好显色。

软芯毛笔式眼线笔。这是我非常喜欢的类型。首先它具有眼线液的优点，并且因为笔杆短，不会产生"手抖症"。但是如果不盖好笔帽，很容易凝固，因此可能需要蘸水使用。

眼线膏。要利用蘸清水或化妆水的眼线刷使用，可以自行调节浓度，因此可以画得或自然或浓烈，但是卫生上感觉不大好。

眼线啫喱。最近很多人都在使用的产品。这种产品不容易晕妆，也能画得自然。但是如果忘记关好盖子，啫喱很快就会凝固。这一点比较讨厌。

选择眼线笔时一定要确认是否防水。偶尔会有意外的产品，明明标明是防水型，还是很容易脱妆。因此不要被化妆品柜台服务员的豪言壮语所迷惑，一定要亲自试一试。软芯毛笔式比硬芯铅笔式好的理由，首先是不容易晕妆。眼角容易出油、眼妆很容易花成熊猫的年轻朋友如果用硬芯眼线笔画眼线出门，搞不好会有人让你练练功夫，或者贴个驱鬼符逃跑……不过，软芯毛笔式的确也没有硬芯铅笔式的表现力自然。这个时候，推荐你使用棕色液态眼线笔，会更自然不死板。

用软芯眼线笔画眼线

1

来~现在开始练习画眼线吧。首先将镜子放在面前（我的视力不好，镜子放得很近），眼睛稍微往下看，用"呀！滚出来，不然我用头顶你了"的眼神画眼线。

2

就是这种卑鄙的眼神啦！

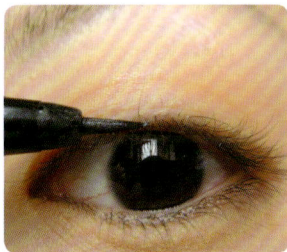

3

偶尔会看见一些人将眼线画在睫毛上线，而使睫毛根部显得很苍白。注意一定要填满睫毛根部。即使不能画到最内侧，但也不至于会产生眼皮上突兀地多出一条黑线的情况。

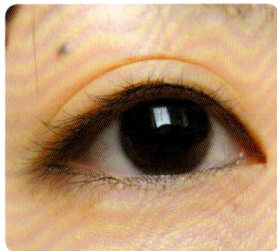

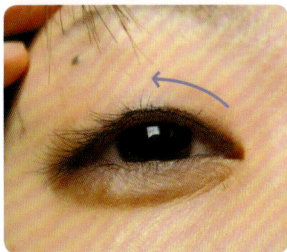

5

正儿八经地睁开眼睛，就是这种感觉。

4

就这样，以"好害怕啊，我认输了"的感觉，顺着箭头方向画上去。不要想着一次画好，以轻轻敲点上去的手法画也可以。

化妆的基础，肌肤与眼神的表现

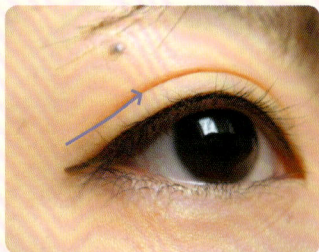

6 还有，不要因为眼线画得过长而被人戏称为埃及艳后，要在适当的地方定好末端，顺着箭头方向往上画就好。如果眼线画得过长，别人会认为"这个女人是不是边跑边哭来着"，因此找准适当的平衡是最重要的。

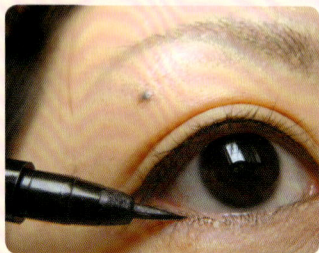

7 现在来画下眼线。液态眼线笔显色过于明显，因此如果画满整条下眼线，就会显得眼睛立体向前凸出，还很死板，所以只画末端就好。

8 填满睫毛根部，不要露出空白……

9 大致完成了！实际上画眼线的方向不是固定的，只要勤于练习，随便滑一滑也能画出美丽的线条。结论是，只有练习才是王道！

用硬芯眼线笔画眼线

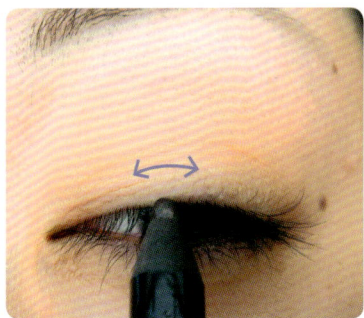

1 首先准备好滴溜溜的眼神，稍微眯起来……不要想一次画好，要慢慢地向两边画过去，要温柔地、不要刺激到眼睛。这个时候稍微往旁边拉平眼睛，画起来会更得心应手一些。

2 按这种感觉画就好。不过看起来有些奇怪吧？

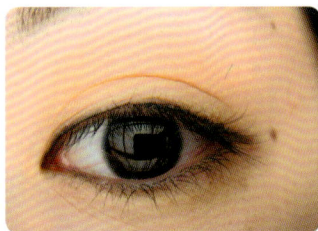

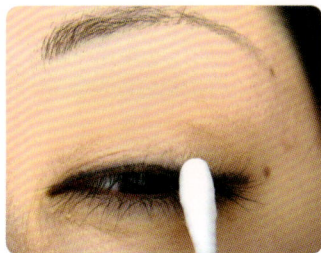

3 用眼线笔后面的小贴棉或棉棒轻轻扫一扫，则可以显得更加自然。

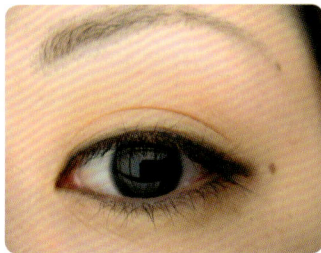

4 可是，还是觉得缺点什么！

5 用手稍微按住眼皮，会发现睫毛根部还有未画好的部分。请在此部位用眼线笔稍微画一画就好了。

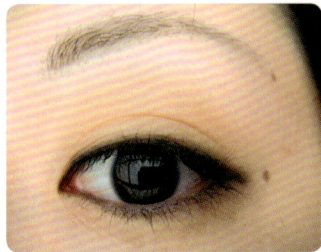

6 就像这样，眼线可以明显地画到睫毛内侧。不过这一部分，如果不仔细看是看不出来的，所以我也经常不画这一部分。

化妆的基础，肌肤与眼神的表现

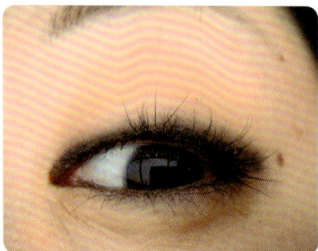

7 像这样，摆出"再想怎么样，就要打你一棒了"的挑衅眼神，看不出来睫毛疏松吧?

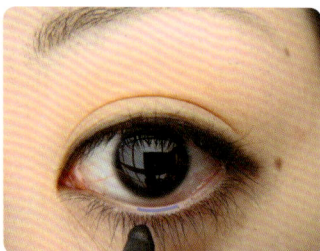

8 稍微按压一下眼底，在下睫毛处轻轻画上眼线。不要画到过于内侧。

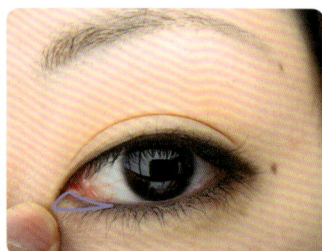

9 轻轻拉开眼头部分，在图示范围内轻描一下。

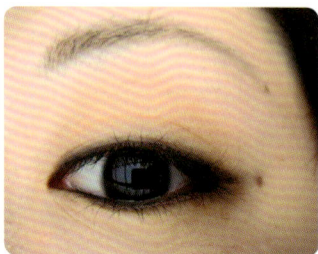

10 就这样完成了吧?

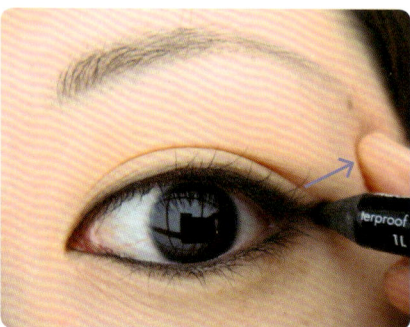

11 如果在此基础上，还想再往后延长一点眼线尾，就像这样利用指腹顺着箭头方向拉平眼睛，然后再画。这样就可以画出漂亮的眼线尾巴啦。

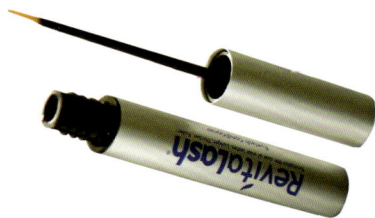

根据眼睛形态画眼线

原本就是圆圆的兔子眼，如果眼线画得过厚，或者不画出眼尾部分，那么就会显得眼睛更圆。下面我来告诉你可以巧妙掩盖眼形缺陷的眼线画法。

◎ 小眼睛

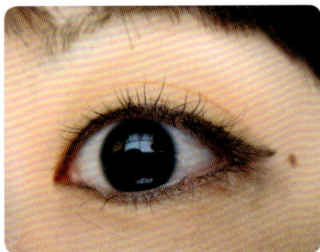

1 首先按一般的画眼线法将眼线画好。

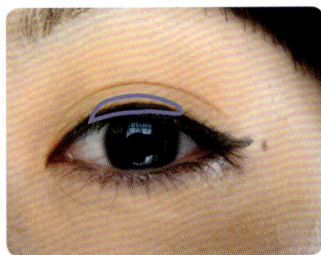

2 只在瞳孔上部分，按线条所示范围再多画一画，这样做可使黑眼珠显得稍微大一些。

3 在此上面，涂上同色眼影，自然整理。再画下眼线，眼睛看起来更大，是不？画下眼线时，使用深色眼影会比使用眼线笔更自然一些。

4 眼睛稍微眯一点，画得厚的眼线部分也不会那么明显了。

化妆的基础，肌肤与眼神的表现

◎ 圆圆的眼睛

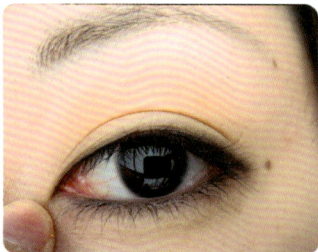

1 为了装作一定会被说成"非主流"的圆圆眼，故意使劲瞪大眼睛。

2 利用软芯眼线笔描绘出非常细薄、似有若无的上眼线。

3 然后画出长长的眼线尾。

4 这一步可做可不做。就是在图示部分画好下眼线。

5 画完成这种样子了吧？画圆眼睛的眼线时，瞳孔上部分一定不能画厚，而且要拉出长长的眼线尾。

用睫毛夹打造芭比娃娃般惹人爱的睫毛

以前我总以为自己的睫毛够浓，根本不需要使用睫毛夹。但是自从用过一次后，就再也没法摆脱这诱惑了。我一般会先夹睫毛再刷睫毛膏。因为我不喜欢睫毛膏粘在睫毛夹上的感觉，也担心夹得过重会让睫毛一根一根像被雷劈了似的立起来。但是后来我发现刷完睫毛膏之后，只要手法娴熟，还是可以夹得干净利落，又很自然的。

1 做出目瞪口呆的表情，眼睛稍微往下看。如果不这样的话下睫毛就会嚷嚷着想要钻进睫毛夹里了。如果说下睫毛对睫毛夹没有一点兴趣，就不用往下看，直接夹就可以了。

2 夹睫毛的顺序是，最里层靠近睫毛根部夹一次、中间夹一次。专家们一般都会分三步来夹。但是我是超级忙碌的女人，所以就决定只夹两次了。

3 第一步，先夹最里层睫毛根部。这个时候如果过度用力，会使睫毛呈一字竖起，因此一定要小心翼翼地，数着一、二、三……将睫毛夹起来。

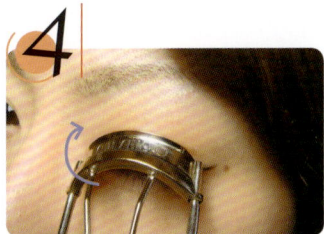

4 第二步，将睫毛夹放在睫毛中部，轻轻夹住，再稍微往上翘一翘，就可以夹出圆润的睫毛。但，如果夹反了则会自动流眼泪。

5 完成！最重要的是，夹睫毛时可不能炫耀你有多大力，搞不好会变成旁边第 6 张照片那种样子。

6 夹不好的话，形状很容易会像这样变成 L、L、L，所以一定要轻轻地多夹几次。说起 L，想起以前上小学的时候，班里有一个女孩总把 g.d.b 念成"戈、德、比"，真是搞笑！

化妆的基础，肌肤与眼神的表现

用睫毛夹整理下睫毛

　　各位，有用睫毛夹整理过下睫毛吗？我只在极少数情况下，需要特别花心思去化妆时，会用睫毛夹夹一夹下睫毛。只在特别花心思的时候！平时嫌麻烦……嘿嘿，我就是个懒人。

1 如图所示方式，抓住睫毛夹。

3 这是夹睫毛之前的原生态眼睛，看起来是不是有些湿润？今天去了一趟眼科，因为黏膜上有了伤疤，所以上了药！黏膜上出现伤疤的理由……据说是因为睁着眼睛睡觉。哈哈哈哈哈～难道要贴上胶布睡觉吗？

2 稍微夹住下睫毛，这个时候的眼神基本可以参照《沉默的羔羊》中的怪博士。

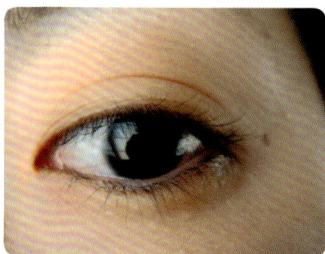

4 夹完了，是否觉得下睫毛更长了些？在此基础上再刷上睫毛膏，就显得更长了。

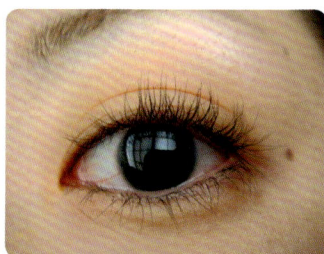

5 顺手还夹了上睫毛。果然，只有夹上睫毛时，睫毛夹才最能大显身手啊。总之，需要特别花心思化妆时，倒着使用睫毛夹夹一夹吧。

刷睫毛膏

　　我的习惯是，只要抹眼影，就一定会刷睫毛膏。如果不刷总觉得缺少点什么。怎么说呢？就像土豆汤里没有几块土豆那样的空虚感。

◎ 选择睫毛膏几大要点

　　只要不会晕妆，就算是合格了。只要在网上稍加搜索，就能发现很多被评价为不会晕妆的睫毛膏。最近的产品基本都不会晕妆，但是偶尔买错时，那一天就会成为小丑。所以一定要先了解清楚再买！即使是以不容易晕妆著称的产品，也会有人说容易晕。眼部油脂分泌越多越容易晕妆，所以刷睫毛膏之前，先用粉饼轻轻擦一下眼部周围，去脂控油！

　　不能有掉末现象。只有等刷完干燥之后，再经过一段时间才能知道有没有这种现象。如果有粉末掉落的现象，就有可能会进入眼睛造成刺激，这种产品最好不要使用。

　　还要卸妆轻松。之前买的一管睫毛膏真是"耐洗"，不仅非常难卸，还会刺激到眼睛，真是使我烦躁。说是防水产品，依我看来，那一次买的睫毛膏不仅是防水，还防油、防洗面奶、防卸妆液！（还好最终还是找到了能够对付它的卸妆产品。）

　　如果会刺激到眼睛，完全是该扔掉的产品。妆是为了变美而化，但如果会对自身产生不好的刺激，那宁可不化妆。在这种情况下，即使产品本身再好，也要停止使用。一定要在安全的基础之上，再根据自己睫毛的特点，选择卷翘款、纤长款或者浓密款等不同类型。刷睫毛似乎没有什么特殊的方法。要想刷得顺、没有结块，就请先用纸巾轻轻擦拭掉留在刷子上的睫毛膏液体。也有人会擦拭睫毛膏管口部位，但是要知道这样擦会使液态变成粉末状，下一次刷睫毛时反而会沾上更多的粉末。另外大家都知道睫毛膏用的时间越长越容易干吧？最好在 3 ～ 6 个月之内全部使用完。

　　一般的眼部化妆顺序是眼影→眼线→夹睫毛→睫毛膏。如前所述，我也喜欢先夹睫毛。要想刷完睫毛膏之后夹睫毛，则需要等睫毛膏全干后。若没等干透就夹，睫毛膏就会粘到夹子上哪儿都是。而且，如果用力过大，本来涂了睫毛膏就变得硬邦邦的睫毛，真的会变成"L"形了。LLLL 这种……好恐怖的眼睛……

　　不过，刷完睫毛膏之后，只要手法得当，还是能夹出自然的形态，并且因为睫毛已经被睫毛膏初步整理定型，因此所有睫毛都能轻松进入夹子内，形态就会比较均匀。

化妆的基础，肌肤与眼神的表现

◎ 刷睫毛膏

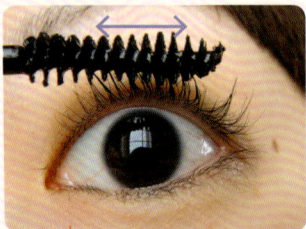

1 像这样，眼睛稍微瞪大一点，然后从根部开始刷。在往上挑着刷时，要呈"Z"字形左右迂回。记住在左右移动的是睫毛刷，而不是脸哦。

2 就这样，从根部往上刷。

3 然后，竖起刷尖部分，轻轻梳理，使被刷后凝结成一团的睫毛纷纷散开，每一根都很清晰。

4 呈这种形态了吧？

5 下睫毛也要像上睫毛那样，从根部开始往下刷。但这个时候不要左右摇晃，以免睫毛膏粘到肌肤上。

6 最后竖起睫毛刷，按箭头方向往下刷，以便达到根根分明的状态。

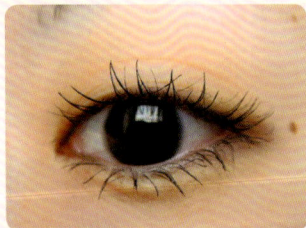

7 可爱毛毛虫诞生了！不必理会那些稍微有些歪的睫毛。如果不喜欢这种凝结的形态，用细密的睫毛梳梳理两遍就好了。

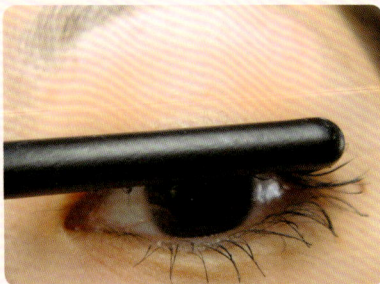

8 这一步是我化烟熏妆时经常使用的方法。利用薄薄的刷柄部分，轻轻压一压睫毛根部。其实用睫毛夹夹也行，但是手法不好很难避免睫毛矫情地竖起。想要自然卷翘，而不是生硬竖起时，就可以用这个方法。

当睫毛膏变干时

睫毛膏用的时间长了，就会慢慢变干。但还可以勉勉强强使用，所以就会在心中默念着"再坚持一次……再坚持一次……"继续使用下去。难道只有我一个人会这样吗？

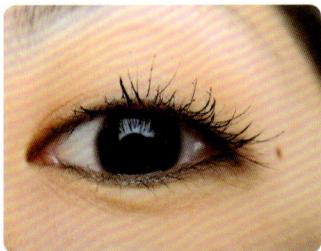

1 就像这样，虽然显色还可以，但睫毛打架结块现象却已经到了极限。

2 一千日元商店也有卖很薄很尖的睫毛梳子。但是像照片那样，家里总会有螺旋刷一直等待着使命的召唤，所以不必非要买别的工具了。用螺旋刷从下往上挑就可以。

3 刷几次就能整理出比之前更整洁的睫毛。

4 然后再利用睫毛夹稍微夹一夹就OK！不过，像睫毛膏这种产品，使用的时间越长越容易干、越容易掉碎末，条件允许就请换一个吧！这是吝啬鬼的肺腑之言。

化妆的基础，肌肤与眼神的表现

我们所知道的错误化妆常识

我虽然不是专家，不过我以自己之前的错误知识和别人问我的一些问题为基础，告诉大家一些经常会搞错的小知识。

Q 婴儿护肤品质地柔和，所以对成人肌肤也好吗？

A 很多成人也会使用婴儿护肤品，尤其是防晒霜和润肤乳等产品，是吧？我姐姐也认为婴儿护肤品成分比较天然，便和侄子使用同一个产品。不过对于痤疮性肌肤或油性肌肤并不适合，因为这些产品虽然刺激性小，但是油分很多。要根据自己的肌肤类型决定使用与否。像我这种人是想用也不能用的，因为我是个大油田女。

Q 听说粉底对肌肤不好，那么只做妆前基础打底好么？

A 嗯……这句话就像"可乐对牙齿不好，但汽水没有问题"一样好笑。无论是粉底成分还是基础底妆的成分，都不可能对肌肤有什么积极的影响，不过也不至于坏到会给肌肤带来严重的刺激。在脸部状态不佳的时候，与其只擦打底化妆品，在上面直接涂粉饼，最后不另作卸妆，还不如先擦基础品（防晒霜或打底霜），再擦粉底，最后做好细致的卸妆程序。

Q BB 霜对痤疮性肌肤也好吗？

A 以前，BB 霜是在皮肤科接受激光治疗之后，人们在外出时为了盖住斑点而开发、对肌肤没有刺激成分的产品，虽然很贵，但的确很好用。但是随着 BB 霜的流行，很多产品与粉底成分相似，功能上比最初的 BB 霜差很多，"只有色彩上是 BB 霜"。在韩国化妆品品牌中几乎没有不生产 BB 霜的。最近在市场上能买到的 BB 霜，大部分油脂过多，对痤疮性肌肤反而有害。

Q 价格越贵的化妆品越好吗？

A 我想彩妆产品与价格无关，只要显色性好，持续性强，碎末粉屑少就是好的。再昂贵的产品中也有掉碎末赛过黄沙的产品，廉价产品中也有显色性和持续性都超级棒的产品。

搜索真是百做不厌。将搜索生活化吧。不过，基础产品，尤其是功能性产品，似乎真是价格越贵效果会越好。当然也有只见价格上升，不见质量提高的产品，因此找到适合自己的产品才是最重要的。就算是廉价的产品，只要适合自己的肌肤，也没有必要非要换成昂贵的产品，继续用适合自己的不是很好吗？

Q 油性肌肤定妆时，擦越多粉饼会越好吗？

A 绝对绝对不是那样！当我还很年幼的时候，总喜欢涂上超多量的粉饼，再用粉扑用力拍打脸庞，但是这样做只会变成白白的鬼脸，油脂照样会大量分泌，而且过了一定时间还会晕妆。即使是油性肌肤，在最后的定妆时，也只需要蘸取少量的粉饼，用粉扑轻轻按一按，只要能去除多余的油分就好。油性肌肤的话，多补几次妆就好了，是吧？现在即使到了夏天我也不怎么擦粉饼。

Q 基础化妆品要用同一品牌、同一系列的吗？

A 这就应了我一直坚持的理念"只要不适合自己的肌肤，就是不好"。如果找到了适合自己肌肤的基础化妆品，无论它们是否同一系列的都无所谓。使用同一系列的基础产品，至少有一点好处，就是不会发生因化妆品之间的相性不合而让肌肤遭殃的情况。基础产品之间的相性度不容忽视。如果你购买的是不同系列的基础化妆品，那么就要仔细确认好成分之间的相性。只要避开那些相性不合的产品就好。关于这点，在网上一搜就会有很多相关知识。

相适合的基础产品	不相适合的基础产品
A. 角质管理 + 保湿化妆品	A. 维生素 C+ 角质管理
B. 毛孔管理 + 紧肤（强化弹性）化妆品	B. 毛孔管理 + 抗衰老化妆品
C. 维生素 C+ 保湿化妆品等	C. 角质管理 + 痤疮管理产品
	D. 视黄醇 + 美白（维生素 C）化妆品
	E. 视黄醇 + 角质管理化妆品

Q 天然化妆品好吗？

A 如果没有彻底去除不纯物或农药，天然化妆品也会成为肌肤的毒药！还有，虽然没有添加防腐剂这一点比较好，但是会在很短的期限内变质。因此如果是亲自动手制作，最好每次只做少量为好。

化妆的基础，肌肤与眼神的表现

Chapter 2

化妆的核心——
眼妆

无论如何，眼妆都当之无愧为化妆的核心。

也许你会觉得很难，但是只要有基本工具和几个眼影，

就可以瞬间改变脸部的感觉。

本章有最近非常流行的烟熏妆，还有若有似无般干净通透心机眼妆。

下面就给大家介绍会让你一天比一天快乐的眼部化妆法！

眼影的基本画法和工具使用法

这一节给大家介绍化眼妆必备的基本工具以及眼影的基本画法。即使没有多种多样的刷子或眼妆产品，仍然可以化出充分美丽的眼妆。

1 化眼妆时，我用的工具比较少，所以没有化妆师们那么多的小刷子。其实，这图里还有很多是我平时用不到的呢。

2 使用眼影刷或眼影棒时，我一般会先蘸取一些眼影粉，在手背上或盒盖上按一按。

3 这样做，可以使眼影粉比较密贴，不会有掉粉末的现象。

4 我最喜爱的工具——手指！若不是化精细轻薄的眼妆时，我一般都利用手指。同样也会在盒盖上按一按。

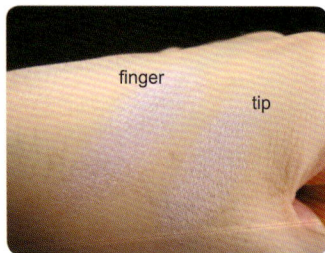

finger

tip

5 果然，用手指涂抹时，颜色会比较明显。

6 涂抹眼部整体底妆时，我会利用这种宽刷子，蘸取少量眼影，直接涂抹于眼睛上部。因为底色一般都是淡色，所以即使掉粉，也不用太过担心。

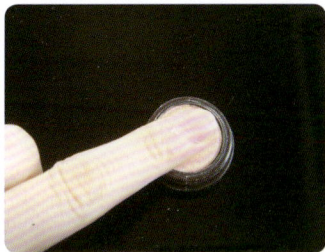

7 想要更加有光泽或显色效
果更好时，就使用手指！

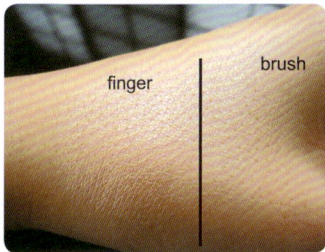

finger　　brush

8 用刷子会很自然，用手指
则会有更出色的色感和光
感。涂眼睛上部底色时，
我积极推荐使用刷子。

9 在画深色眼影时，若粉末
掉落在脸上，那就完蛋
了！想要擦掉，不小心还
会适得其反，让那突兀的
颜色完全伏贴在脸颊上。

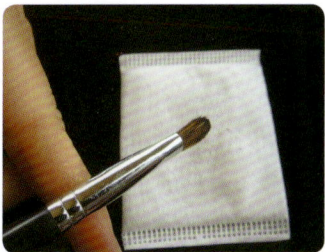

10 呼～吹一口蘸有眼
影的刷子，或者像这
样轻轻弹一弹，简单
吧？这可是最有效的
防掉粉的方法呢。

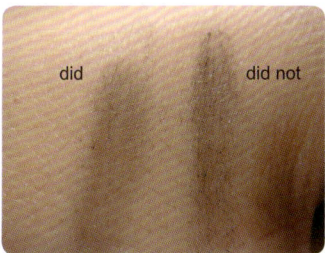

did　　did not

11 左边是轻弹了一次刷
子再涂抹的，右边是
蘸取眼影直接上妆的。

12 另外，调节深色眼影
深浅色调时，要将眼
影蘸在刷子上。

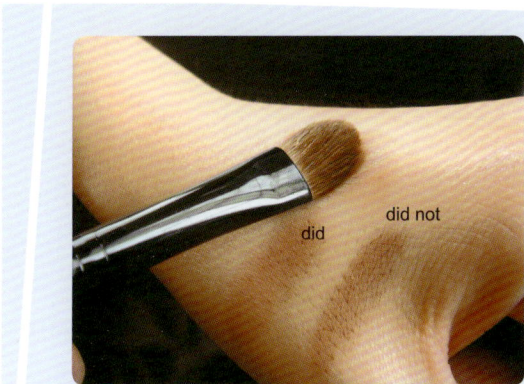

did　did not

13

像这样，在手背上轻轻揉扫一下就好。左
边揉扫之后的颜色，是不是显得更淡一
些，都不像一个颜色了？这种手法可运
用到用单一色调做分层效果的眼妆中。哈
哈，我果然是把节约渗透进了日常生活
中的大婶啊。

化妆的核心——眼妆

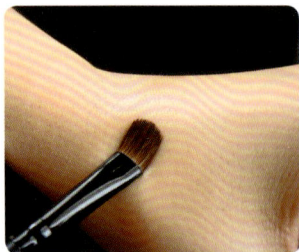

14

这回是既要显深色，又要涂抹得细密的方法。在手背上喷些喷雾或水，将刷子弄湿一点点，只要一点点。

15

用刷子蘸一点眼影，涂在眼睛上。（眼影混合水分后显色较深，这个时候轻轻涂抹一下就好。）

16

就这样涂！左边是用稍微有湿度的刷子涂的，是不是颜色更薄更细密一些？ 右边则是直接用手涂的。

使用刷子时，一定要弹一弹，吹一吹，或者在手背上扫一扫之后再使用。每次化完妆，我的手背就变得五颜六色。但是这样做可以防止粉末掉到干净的脸蛋上，所以就当手背是调色板使用好了。在最开始化眼妆时，不必非买昂贵的眼影刷，手指就是最实惠效果又最好的！不过需要仔细化眼妆时，可能会需要眼影棒和刷子，但是多数情况下，购买眼影也会附赠眼影棒，所以咱们还是省掉那些不必要的支出吧。

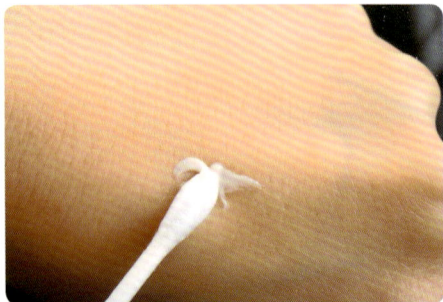

17

这回教大家涂珠光眼影。因为害怕亮粉会掉到眼睛里，我通常都用棉棒蘸取一点营养霜，记住，要稍微滚动下棉棒，使营养霜充分吸附。

18

然后再蘸取眼影。

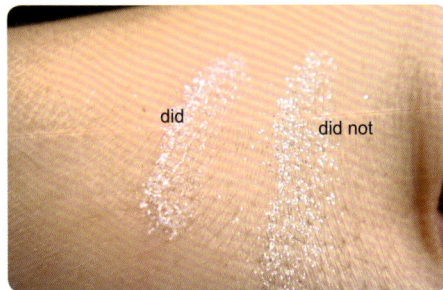

did   did not

19

这样做可以在很大程度上防止掉粉现象。我还是超级呵护我的双眼的～嘻嘻！

我最想要的化妆书

面试会谈不败经典——
灰色格调妆

无论化什么样的眼妆，最重要的是要让眼睛变精神。所以说绝对不能放弃让眼睛显得更大的妆！
这回我教大家用黑灰色化一个既时尚又让眼睛瞬间大一倍的妆吧。经典妆容，掌握了的话，打遍天下
无敌手！

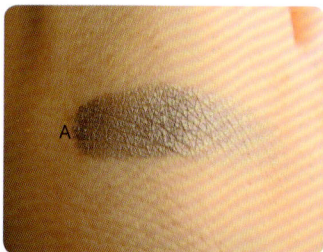

1 单色。其实使用黑色也无妨，但一不小心会显得过于浓重。

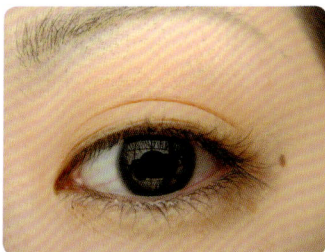

2 准备好素眼。

3 首先，用铅笔式眼线笔画眼线。但眼尾不要像化其他妆时那样拉出长长的尾巴。按照眼睛的大小，自然地画就好。

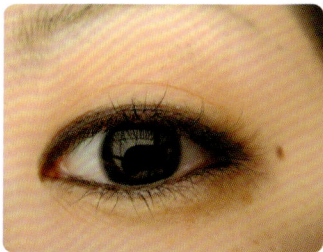

4 下眼线也用铅笔式眼线笔画。

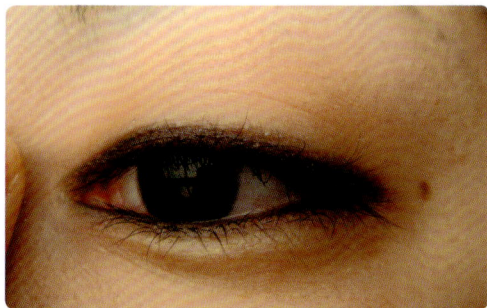

5 这里有一个要点！因为我们需要强调眼形，所以要用手指稍微拉平眼睛，再用铅笔式眼线笔涂画。若画到内侧，会使眼睛看起来过于凸出，因此只画外侧就好。

化妆的核心——眼妆

6 使用灰色涂抹于此部分，但一定要涂得非常淡。这个时候，利用宽而不太硬的眼影刷为好。

7 这回，利用眼影棒按一按眼影，再涂抹于此部分。

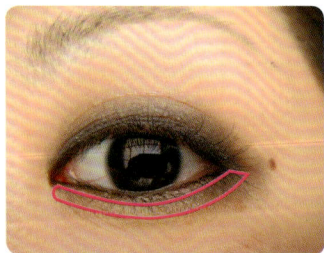

8 然后，利用眼影棒上剩下的眼影，稍微涂抹下眼线部分。

9 刷完睫毛膏即完成。

10 想欣赏一下吗？完成照！

使用产品

A 兰芝柔滑双色眼影－深灰色 （LANEIGE PROFESSIONAL SLIDING SHADOW–Dark Gray）

性感的黑色光闪烟熏妆

　　有一次在某博客看到一篇文章，里面提到化个性感妆，可以给平淡无奇的婚姻生活带来一丝惊喜与活力，这让我顿时也想挑战一下性感妆容。但，如果老公不喜欢烟熏妆，也许会认为是地狱使者的演出哦，所以还是要根据另一半的喜好……

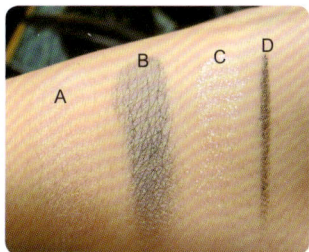

1 A颜色可有可无，是打底使用的，可以提亮肤色。

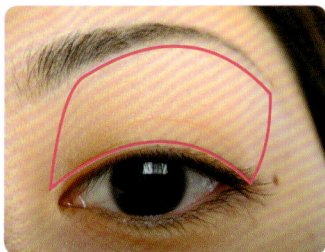

2 利用A颜色，涂抹底色。

3 利用B颜色在图示蓝色线部分抹一次，在粉色线部分抹两三次，使颜色深一些。或者利用比B色更深的颜色，在粉色线部分只抹一次。

4 利用柔和的硬芯铅笔式眼线笔D，画出厚眼线。

5 用眼影棒蘸B颜色，轻轻覆盖于眼线之上。

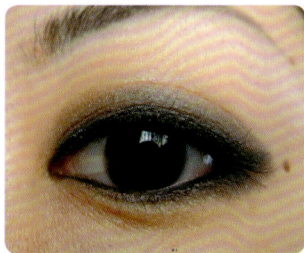

6 下眼线也用硬芯铅笔式眼线笔画满。

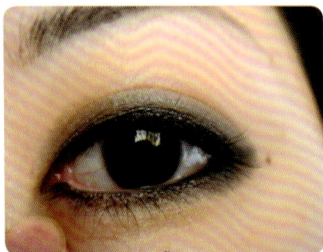

7 像这样，稍微拉一下眼头，用眼线笔画到可看得到的部分为止。

8 利用液态眼线笔，拉长眼尾线。铅笔式眼线笔笔头粗，不好画眼尾。

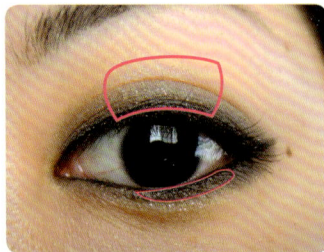

9 将C颜色涂抹于蓝色线范围内，使眼睛看起来水润灵动。

10 夹睫毛、刷睫毛膏，即完成！

11

完成照！我漂亮吗?

使用产品

A 罗拉玛斯亚 – 砂石（Laura Mercier–Sand Stone）
B 兰芝专业光滑眼影 – 深灰色 (Professional LANEIGE Sliding shadow–dark gray)
C 美卡芬艾亮粉 –1（ MAKE UP FOR EVER Powder–1）
D 美卡芬艾眼线液（MAKE UP FOR EVER Aqua Liner）

我最想要的化妆书

单色眼影和眼线笔，
简单勾勒出端庄紫罗兰妆

　　今天来化个端庄的紫罗兰香眼妆吧。如果家里没有紫色眼影，大婶给你出个歪招。去找妈妈瞪眼睛，撒娇说"妈呀，你到底是不是我妈妈啊"，保证让你获得"死亡耳光"的同时，获得半永久使用权的紫色眼影。但，为了生命安全，请慎重使用此法。

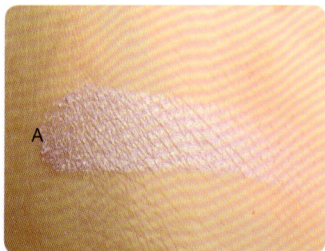

1 只要有紫色眼影和硬芯铅笔式眼线笔就好。当然，也不一定非要紫色眼影。

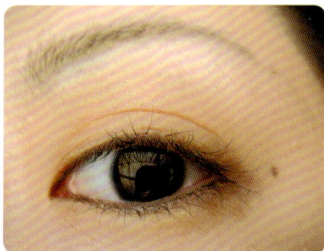

2 看我的素眼，也蛮干净的哈。

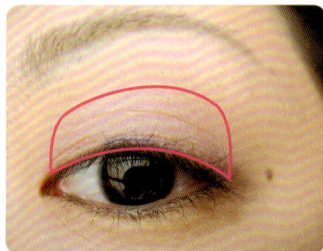

3 将紫色眼影涂抹在图示范围内。

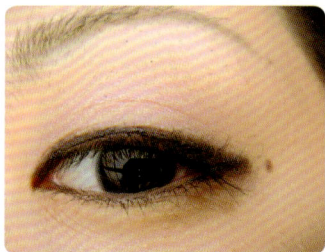

4 用铅笔式眼线笔画出厚眼线。这个时候画得歪歪扭扭也没有关系。轻松画一下就好。

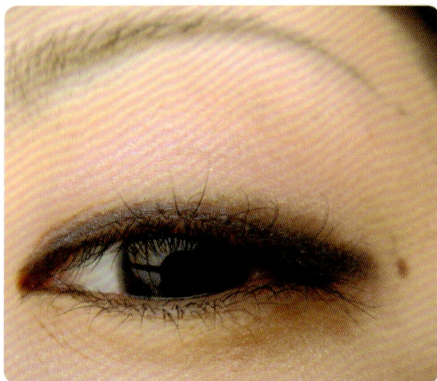

5 利用眼影棒或棉棒，以不至于刺激到眼睛的力度，用非常温柔的力道，将眼线部分涂匀。

化妆的核心——眼妆

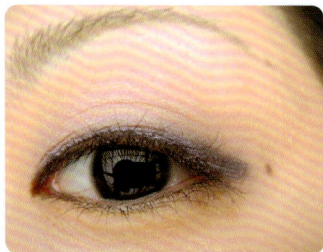

6 再涂一次紫色眼影。在这里需要注意的是，一定要将颜色覆盖住眼线部分，在晕染过程中你会观察到黑色眼线慢慢地变成微妙的蜻蜓颜色。（如果家里有紫色眼线笔，则先涂眼影，再画眼线即可。）

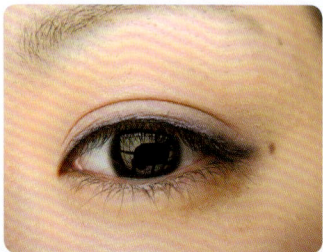

7 为了使眼睛看起来更加明亮有神，用液态眼线笔补画一下。这一步可省略。

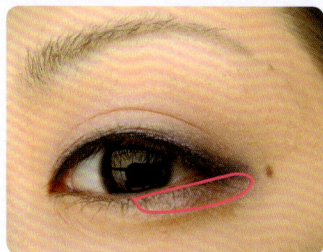

8 将紫色眼影涂抹在图示范围内。

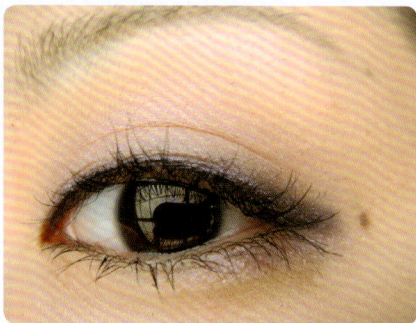

9 然后刷睫毛，即结束！

使用产品

A 魅可-紫百合眼影粉（MAC-lily）

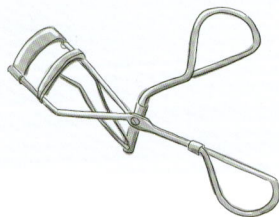

让眼睛不显肿的神奇深蓝色妆

亮色实在不太适合我。本来不用时就是个肿泡眼……呵呵，所以这回用一下暗一点的深蓝色。

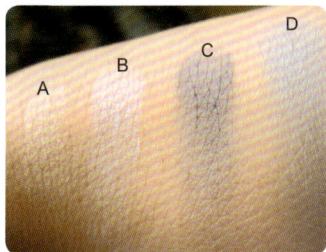

1 A、B 两种颜色并不是很重要。

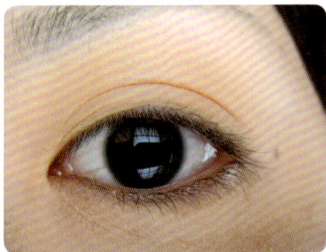

2 首先素眼一双。

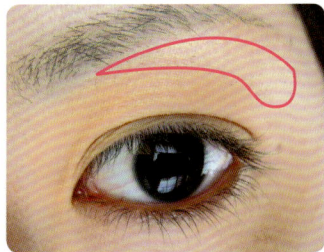

3 将 A 颜色涂抹于画线范围内。这样可以提亮颜色，与深色眼影形成对比，让光感效果更加出众。

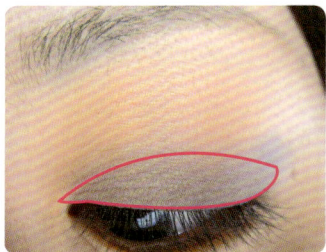

4 利用 D 颜色涂抹于将无便秘少女排便便表情形象化的线条部分。

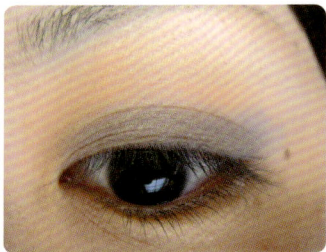

5 画出这种样子了吧。

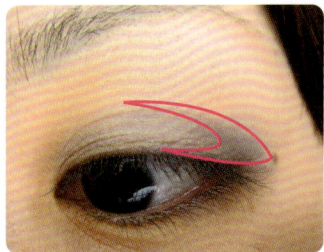

6 将 C 颜色涂抹在图示部分。涂在双眼皮褶线处的原因是，想让眼睛看起来更深邃……如果是单眼皮的话也无妨，只要将图示上面的尖角部分盖过步骤 4 的涂抹部分就可以了。

7 用 B 颜色涂抹画线部分。

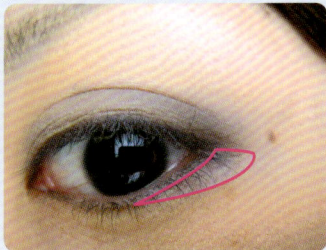

化妆的核心——眼妆

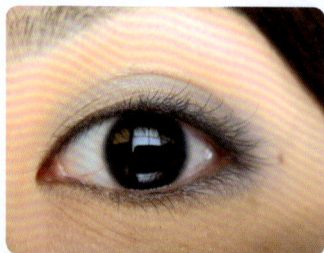

8 轻轻画上眼线。只需填满睫毛根部，下眼线则不画。这样的效果清淡优雅。

9 夹睫毛，刷睫毛膏，即完成！

10 没做 PS 处理哦，看我的眼睛是不是没那么肿了！

使用产品

A 乔治·阿玛尼 彩色珍藏版－米黄色（Giorgio. Armani collectors palette－beige）
B 乔治·阿玛尼 彩色珍藏版－白色 (Giorgio. Armani collectors palette－white)
C 乔治·阿玛尼 彩色珍藏版－深蓝色 (Giorgio. Armani collectors palette－dark blue)
D 乔治·阿玛尼 彩色珍藏版－蓝色 (Giorgio. Armani collectors palette－blue)

用眼影霜打造的神秘夜店亮妆

化色彩鲜艳的亮妆，或者眼影霜的鲜亮显色有些难以接受时，可用这种方式化妆。

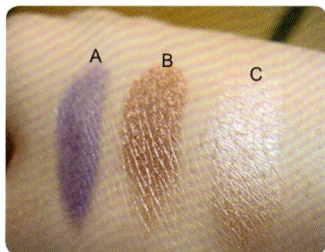

1 将眼影霜和一般眼影一起使用。

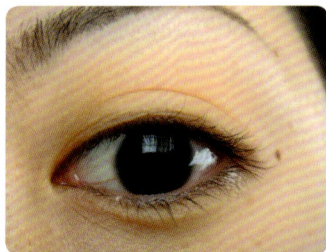

2 做好眼部清洁。

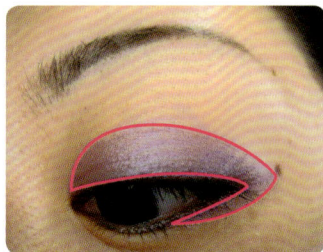

3 将 A 色彩的眼影霜涂于画线部分内。

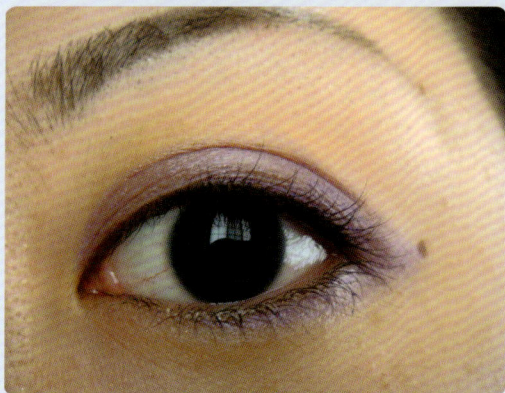

4 涂抹出这种样子了吧？如果是薄薄的双眼皮，这么涂肯定更漂亮。唉……我的眼睛就好像是凌晨 3 点 33 分煮拉面，吃完立刻入睡，第二天又早起后的大肿眼睛。

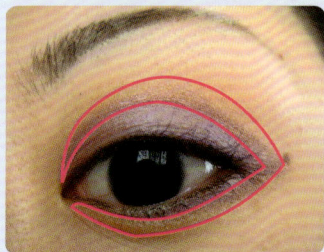

5 用眼影刷将 B 颜色轻轻刷在涂有眼影霜的周围。

化妆的核心——眼妆

6 变成这种样子了。

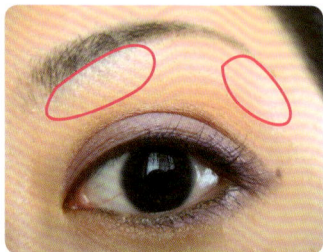

7 用C颜色，在眼睛上部画对米老鼠的耳朵。

8 刷完睫毛膏即结束！

9 请忽视沾到一点睫毛膏的部分。照完这张，相机的电力警告响个不停时，才发现眼睛上还沾有睫毛膏，本想重新照而蹦来蹦去，但电池还是毫无人情味地罢工了。呜呜。

使用产品

A 用一般眼影亲手制造的眼影霜
B 贝玲妃珠光眼部粉饼－咖啡色（Benefit sparkling eye powder－Brown）
C KΛTE gradical eyes BR3－cream shadow

眼睛抹个金粉试试!
限量版奢华黄金妆

　　我最爱的金色!今天就用金色来化个华丽的金铜佛像妆吧。其实我对黄金妆并没有多大兴趣,不过看到某著名品牌推出限量版黄金色系之后,决定也利用家里的现成眼影化一个。我可是勤俭节约的女人。听得开始犯困了吧?只属于我的限量黄金珍藏版来啦!

1 选择这些色彩。叫醒沉睡在抽屉里类似的眼影们吧。

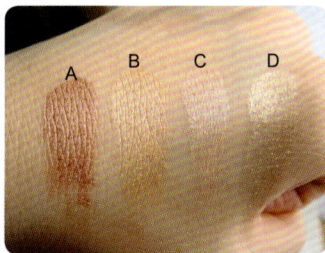

2 新鲜的素眼,请花9999韩元买下来吧。

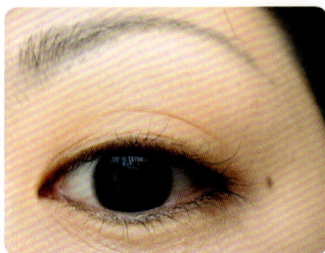

3 将B颜色涂于画线部分。不要看着线内含有瞳孔,就连瞳孔也涂上眼影哦。像这样涂抹整体时,不必使用眼影刷,直接用手指涂抹就好。

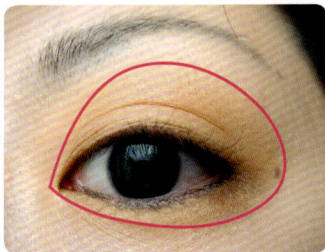

4 涂C于画线部分。这次也可以用手指涂抹。谁让我是不修边幅的女人。如果有人问我:"为什么要涂抹在这个部位?"我的回答是:"我尝试过N种方法搭配组合,在这个部位涂感觉最漂亮!"

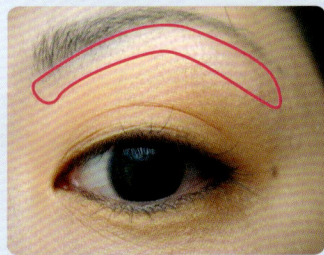

化妆的核心——眼妆

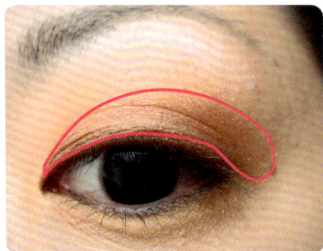

5 利用A涂抹双眼皮褶线部分。这是为了让眼神深邃。

6 用眼线笔画此部分。

7 在下眼睑上，画上白色眼线。如果用黑色眼线笔画，远看时眼睛反而会显小。那种样子就像白色的蛋糕上嵌了一颗小豆豆。如果没有白色眼线，宁可什么都不画哦。

8 涂D于此范围内。

9 刷完睫毛膏，即完成！

10 瞭望远方的眼睛！

使用产品

A 贝玲妃欲眼迷离眼影闪粉－咖啡色（Benefit sparkling eye powder－Brown）
B Bare Escentuals－橙色（Bare Escentuals－orange）
C 罗拉玛斯亚－砂石（Laura Mercier－sand stone）
D VOV炫彩眼影系列－黄金色系（VOV pearl－up eyes string pearl－Gold string）

恋爱感百分百!

晕染了幸福粉红的蜜桃妆

谁家姑娘刚约完会? 看那眼睛, 粉嫩得好像晕染过水蜜桃的新鲜汁水一样!

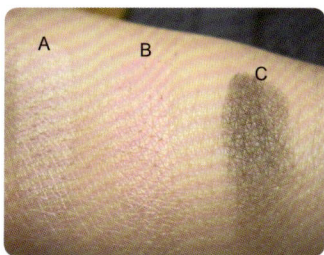

1 请准备这些颜色。

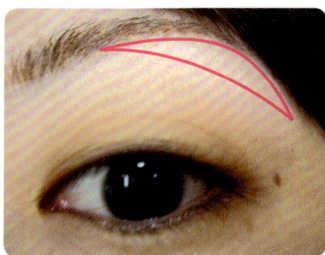

2 做好眼部清洁。

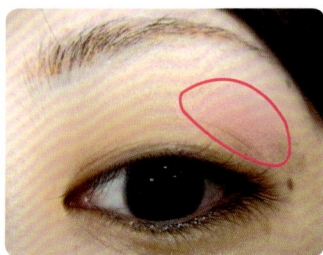

3 将 B 涂抹于图示处, 就像画桃子一样。开玩笑呢。就用手指蘸取一些眼影, 在眼窝处轻轻点一点就好。

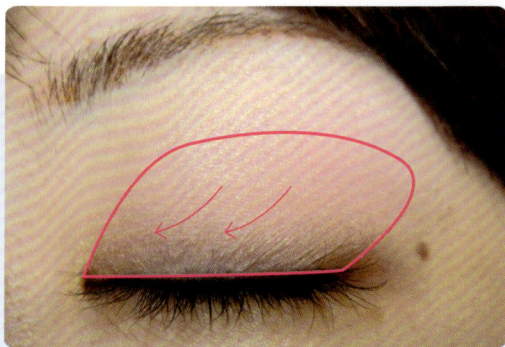

4 用刷子按箭头方向, 在线条范围内轻轻挑扫。一定要用干净刷子! 不涂 B 眼影, 直接挑扫也可以。

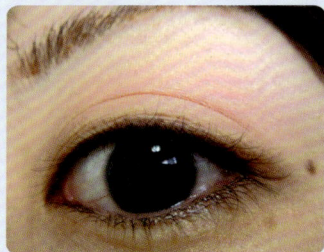

5 晕染成这种感觉就对了。

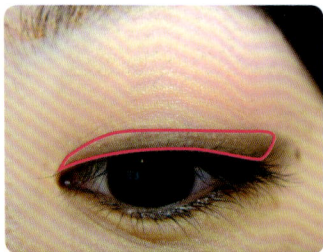

6 然后，将C涂抹于图示框中。

7 稍微翻开眼睛，拍恐怖电影？当然不是。用眼线笔填满睫毛根部吧。

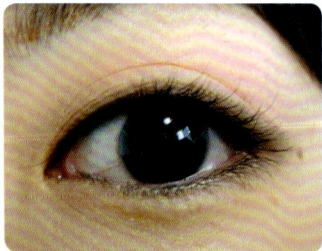

8 画出这种感觉的眼线。

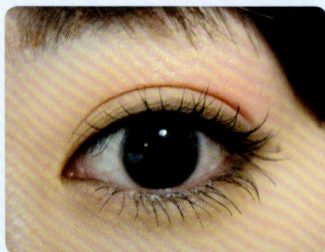

9 刷睫毛膏，完成！

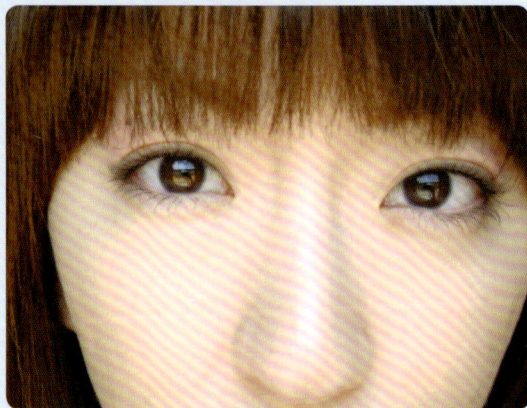

10 完成照！在光线充足的窗边。

使用产品

A 维森朗戈 三色组眼影－米黄色（Vincent Longo trio eyeshadow－beige）
B 维森朗戈 三色组眼影－粉色（Vincent Longo trio eyeshadow－pink）
C 维森朗戈 三色组眼影－黑色（Vincent Longo trio eyeshadow－black）

我最想要的化妆书

眼神更加深邃，优雅大美人绿色眼妆

今天的天气非常暖和，不由自主地哼起了"双手浸在草绿色海水中～"的曲子。让我们守护地球吧！以此为主题尝试了一次绿色妆。

咳……就是想找一个理由化一化绿色妆而已啦。

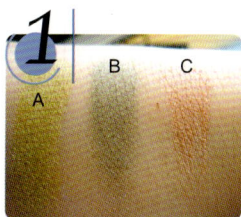

1 请准备类似这样的颜色。

2 每天只有一根睫毛处于兴奋状态的素眼。

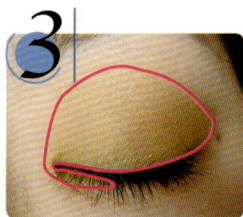

3 用 A 颜色，涂抹出豌豆长芽的模样。

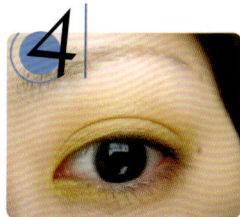

4 就像这样。

5 然后利用 B 涂抹出一个仿耐克的山寨 logo。

6 画出这种感觉了吗？

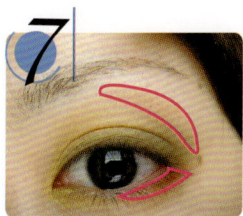

7 然后将 C 涂抹于线条内。可以刷得浓一些。

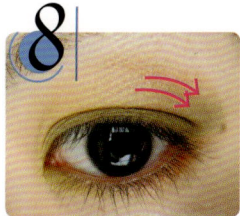

8 利用细密的刷子，沿着箭头方向，将 C 色晕染开。

9 是不是有了这样的层次感？再刷上睫毛膏即完成了！

10 整体效果!

使用产品

A VOV CASTLE DEW 炫彩眼影－芭比娃娃土色
(VOV CASTLE DEW pearl-up eyes－ dolls babi khaki)

B VOV CASTLE DEW 炫彩眼影－金土色
(VOV CASTLE DEW pearl-up eyes－ Gold khaki)

C VOV CASTLE DEW 炫彩眼影 BR3－ 第二深色
(VOV CASTLE DEW pearl-up eyes BR3-the second dark)

化妆的核心——眼妆

爱上远方嫩嫩的绿草地，
自然美女棕绿色妆

最近，眼睛发炎，所以基本上省略画眼线。不过，只涂眼影又会让眼睛不那么有精神，想化半永久妆，可是又顾虑颇多。于是开始琢磨只用眼影就可以塑造出大眼睛的创意。

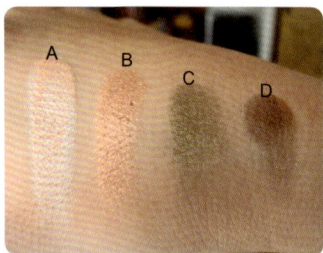

1 颜色就选择这些。

2 别忘记准备发呆的素眼。

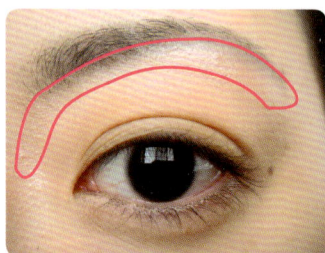

3 将 A 涂抹于此部分，让眼睛顿时充满光泽感。

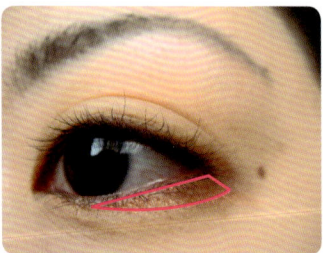

4 将 B 颜色涂抹于此部分。这个时候应该用眼影棒或蘸过水的眼影刷，可以涂抹得更浓、更细密。

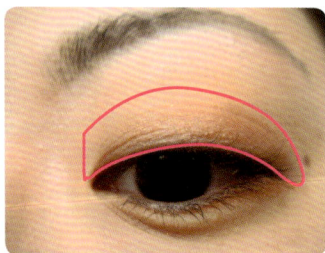

5 用宽刷或手指涂抹此部分。

6 用蘸过水的眼影刷，将 C 颜色细密地涂抹于此。

7 | 再用一般眼影棒在此部分涂抹颜色 C。

8 | 这样就基本完成了！

9 | 最后，利用 D 涂抹于此部分，就可以让眼睛看起来更长更大。

10 | 再夹一夹，刷一刷，即 OVER！

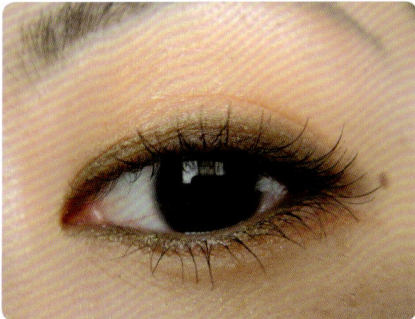

11 | 完成照！漂亮～

使用产品

A 罗拉玛斯亚－砂石（Laura Mercier－sand stone）

B VOV 炫彩眼影－珠光古铜色（VOV pearl-up eyes-deco pearl bronze）

C VOV CASTLE DEW 炫彩眼影－金土色 (VOV CASTLE DEW pearl-up eyes- Gold khaki)

D 兰芝柔滑双色眼影－巧克力棕色（LANEIGE PROFESSIONAL SLIDING SHADOW- Chocolate -brown）

散发熟女气质的 OL 上班妆

读这本书的人应该都是上班族白领了吧？也许还会有人嘲笑我幼稚呢。谁叫我是小心翼翼的大婶呢。好吧，那取消熟女的用词，改称淑女吧！哈哈！

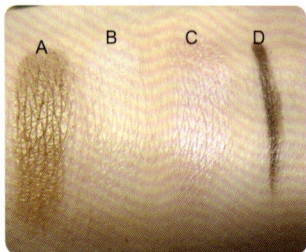

1 选择这些色彩，再用 D 色眼线胶代替眼线笔。使用一般眼线笔也行，但千万不要选择黑色。

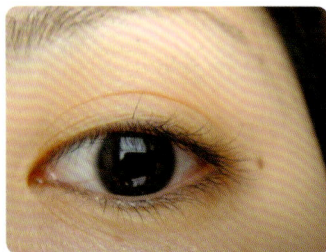

2 首先准备好一双素眼。请用视网膜过滤器过滤掉残留的眼线吧。

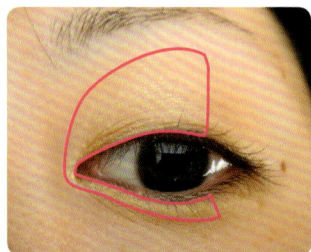

3 展现你的绘画才能，表现一下暴怒的鲸鱼，涂上 B 色眼影。

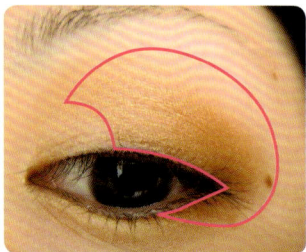

4 将 A 涂抹于线条内。

5 就成这个样子了。

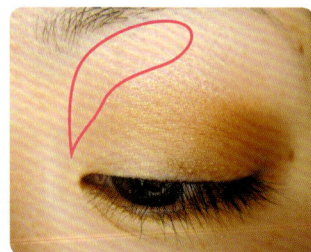

6 利用 C 色，涂抹出柔软的感叹号。

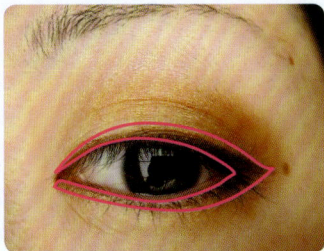

7 用棕色眼线胶描画出这样的线条。

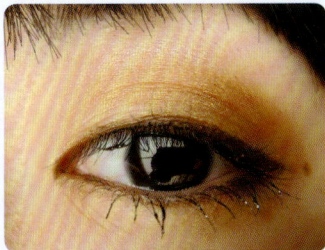

8 这个时候刷完睫毛膏结束也可以。不过再抹上一点亮闪眼影，就会更加闪亮、魅惑。

9 完成！除了涂抹在眼皮上的亮闪眼影外，最近还有类似水珠一样可以挂在睫毛上的神奇产品，可以尝试一下。

使用产品

A 植村秀 MIKA LOVES SHU 系列眼影组合版芬芳玫瑰－第一个颜色（SHU EMURA MIKA LOVES SHU EYECOLOR Palette Secret Rose–the first color）

B 植村秀 MIKA LOVES SHU 系列眼影组合版芬芳玫瑰－第二个颜色（SHU EMURA MIKA LOVE SHU EYECOLOR Palette Secret Rose–the second color）

C 植村秀 MIKA LOVES SHU 系列眼影组合版芬芳玫瑰－第四个颜色（SHU EMURA MIKA LOVE SHU EYECOLOR Palette Secret Rose–the fourth color）

D 植村秀 MIKA LOVES SHU 系列眼影组合版芬芳玫瑰－啫喱眼线笔（SHU EMURA MIKA LOVE SHU EYECOLOR Palette Secret Rose– Gel eyeliner）

化妆的核心——眼妆

陶醉在浪漫梦幻中，紫色精灵妆

实际上，如果紫色用不好，眼睛就会发青，好像被人打了一样。新婚初期，化紫色眼妆去娘家，搞不好会吓到妈妈。所以，请不要将紫色涂抹于整个眼部，而是要分区域涂，化出不至于吓到妈妈的眼妆。

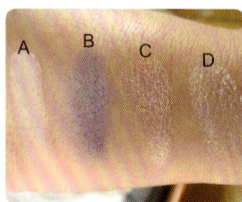

1 首先，准备好这些颜色。

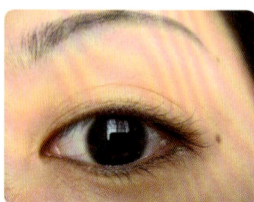

2 素眼。

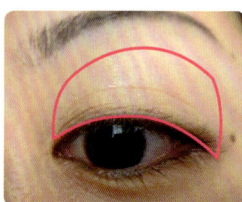

3 将 A 颜色涂抹于此部分。

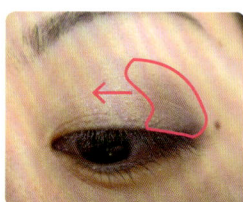

4 然后，将 B 涂抹于此部分，再按箭头方向轻轻晕染。

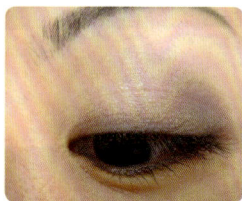

5 就像这样。

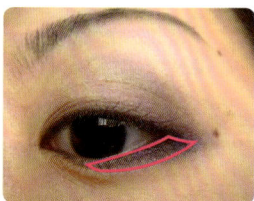

6 再次将 B 涂抹于此线条内。

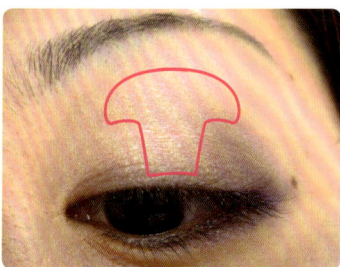

7 用 C 色涂抹出洋松茸模样，显现光泽感。

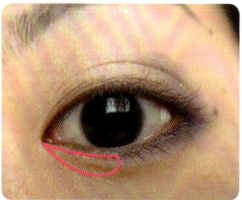

8 将 D 色涂抹于此部分。经常揉眼角的人涂起来应该会很顺手。

9 用眼线笔仔仔细细地画好上下眼线。

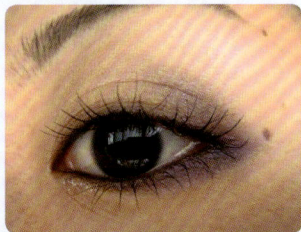

10 刷完睫毛膏，即OVER。

11 眯缝着眼睛，认真地观察就能看到涂抹上去的紫色。

使用产品

A 妙巴黎 4 球 眼影 – 白色（BOURJOIS 4th shadow – white）
B 亲自调和的眼影
C 美卡芬艾星光亮粉 –947（MAKE UP FOR EVER STAR Powder–947）
D 美卡芬艾晶钻亮粉 –1（MAKE UP FOR EVER Diamond Powder–1）

健康活力的海边佳人妆

　　暖和的天气，清爽的小风，这个时候你是不是也想穿着连衣裙，慢跑在海边？但现在是凌晨4点。担心明天早上邻居说大街上出现夜奔狂女，只能勉强忍住，乖乖地化海边妆。

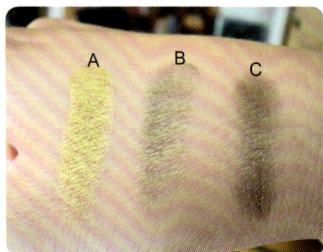

1 先准备好这些。C是黑色眼影和B色眼影的混合色。如果家里有深卡其色，就不用特意调混合色。

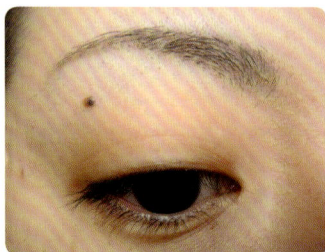

2 准备好凌晨没睡好觉的素眼。

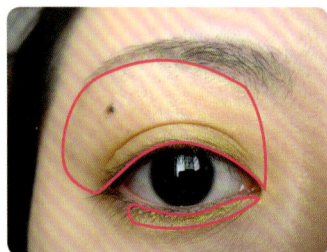

3 用A颜色，按照图示涂出野游时被玩耍的蜜蜂袭击了的上唇形状。不过，可不要一开始就涂抹得过重，隐约显色即可！

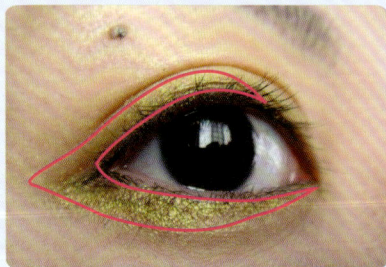

4 再用喷上水雾的刷子蘸取A色，涂抹此线条部分，使其显出深色。

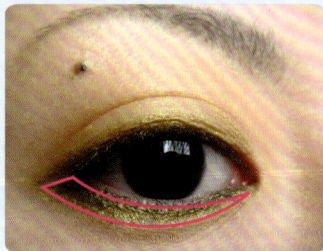

5 用B涂抹此线条。

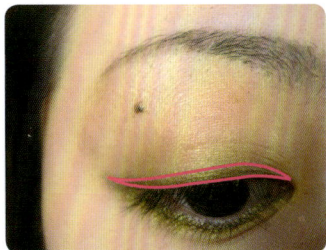

6 用 C 涂出这样可以代替眼线的线条。

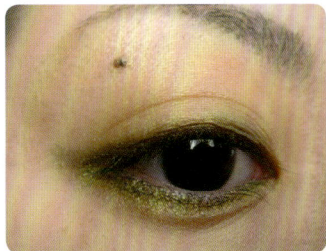

7 像这样就差不多了。

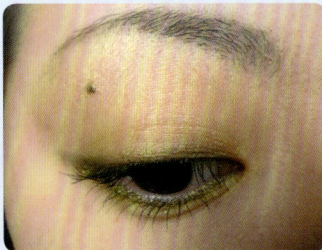

8 最后刷上睫毛膏就结束了。

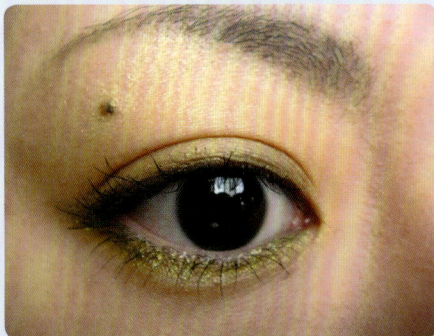

9 睁开眼睛就是这种感觉了。在阳光下会更更漂亮。啊，好想去吹吹海风。我要去，打开浴室的窗户，用手来回推开浴槽的水，造出波浪啦。

使用产品

A VOV CASTLE DEW 炫彩眼影 – 青铜卡其色 (VOV CASTLE DEW pearl–up eyes–dolls babi khaki)
B VOV CASTLE DEW 炫彩眼影 – 金土色 (VOV CASTLE DEW pearl–up eyes–Gold khaki)
C B 产品 +VOV CASTLE DEW 炫彩眼影 – 珠光黑色 (VOV CASTLE DEW pearl–up eyes–castle black pearl)

享受清爽秋季的青铜色妆

今天天气很凉，上身 T 恤的袖子变长了，被褥里的棉花也从一层增加到双层了，食欲也增加了，肥肉也增加了……5555~

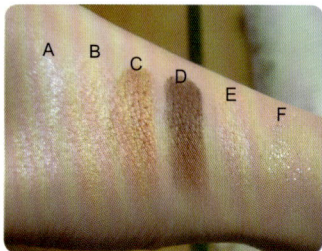

1 看似要使用很多种颜色，其实 D 色和白色就能配合出 B 色，A 色和 F 色则可以使用同一个颜色。

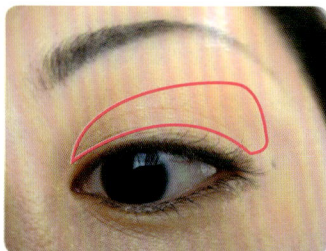

2 先将 B 涂抹于此部分。这是为了化出阴影，若觉得麻烦可以 PASS！

3 然后，使用 D 涂抹出落泪的模样。

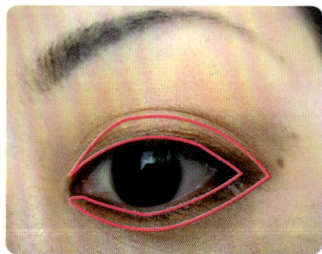

4 用颜色 C 涂抹出轻盈的便器盖子模样。嘻嘻……

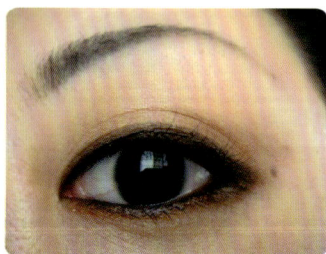

5 用软芯眼线笔在眼睑和眼睑上画出厚厚的眼线。稍微有些出头也没有关系。我这个女人，虽然胸部小，却有着很大的包容心。

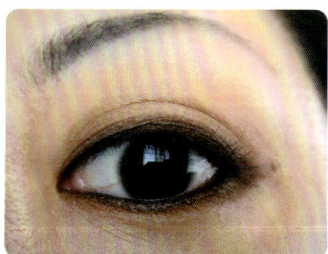

6 用 C 颜色轻轻覆盖在眼线上。下眼线处涂抹眼影会很疼，请省略。只要覆盖上眼线就好。

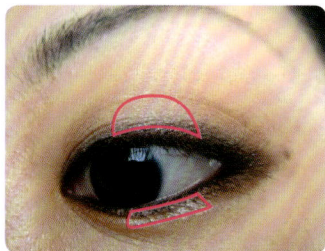

⑦ 用 A 在图示部分涂抹出汉堡包的模样。这样会让眼睛看起来湿润亮泽。

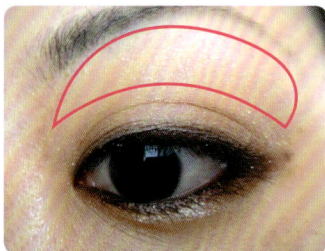

⑧ 用 F 颜色涂抹于图示部分。不过若不喜欢珠光色，则可以省略这部分。

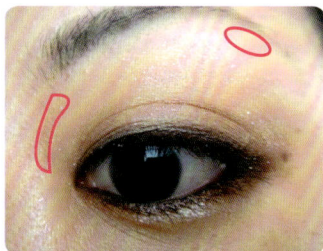

⑨ 在此部分涂抹 E，再用液态眼线笔画一遍眼线，使眼睛瞬间增大。

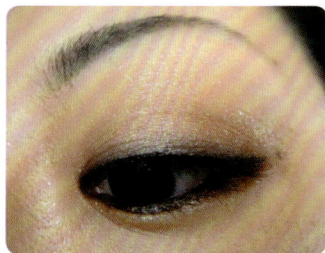

⑩ 最后刷睫毛膏，即完成!

使用产品

A KΛTE 渐层眼影 BR3– 眼影霜（KΛTE gradical eyes BR3–cream shadow）
B KΛTE 渐层眼影 BR3– 第三个深色
C KΛTE 渐层眼影 BR3– 第二个深色
D 迪奥 5 色幻彩眼影 539– 最深的褐色
E 罗拉玛斯亚 – 砂石（Laura Mercier–sand stone）
F 美卡芬艾晶钻亮粉 –1（MAKE UP FOR EVER Diamond Powder–1）

偶像剧女主角楚楚可人的
清纯淡妆

只有今天，突然想要变成楚楚动人、清纯美丽的人鱼公主。记得有个朋友第一次看见素颜的我，很吃惊地问："你是哪位？"当时我都尴尬死了。所以，还是应该偶尔化一化淡妆的。

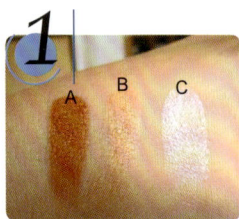

1 使用这些颜色。

2 在图示处涂 B 色。淡棕色可用白色和深棕色调和。

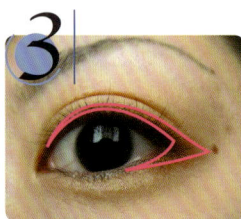

3 用 A 涂出眼线形态。用细密的眼影刷或眼影棒效果会更好。

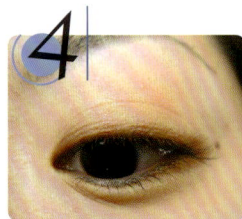

4 涂完变成这种感觉了吧。

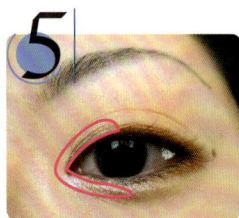

5 用 C 颜色在此部分涂抹均匀，会被具有绅士风度的男人夸你楚楚动人。

6 再刷上睫毛膏，即结束！

7 完成！不过，即使化出再清纯的妆，似乎也很难将黑瞎子变成小白兔。

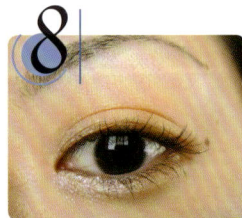

8 瞪着圆圆的眼睛，再照一张，好无辜哦。

使用产品

A KATE 渐层眼影 BR3- 第二个深色
B KATE 渐层眼影 BR3 中的白色与第三个深色调色
C KATE 渐层眼影 BR3- 眼影霜

我最想要的化妆书

心机公主若有似无元气妆

题目是不是有点可笑。化妆要化得若有似无……也许你会问，那还化眼妆做什么。这就不懂了吧，这叫做"微整形"，让别人以为你做了整形手术或者是顶级保养，而不是化了妆，自信心绝对极大满足！

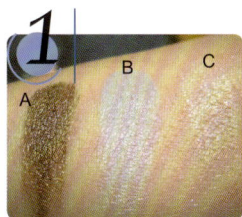

1 在家里打滚的眼影中一定会有显色度真的很不好的家伙。这个时候，稍微刮一刮眼影的最上层，其实也还可以显些颜色。

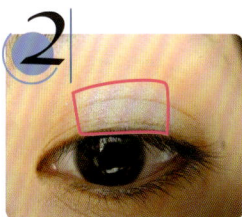

2 用B的蓝色画出一个砖头。

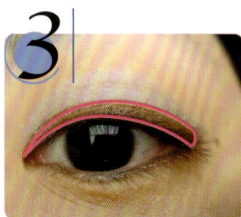

3 然后在此部分涂上A色。

4 用眼影刷轻轻揉刷第一次画的砖头。

5 在此部分涂上C。

6 刷上睫毛膏即完成。

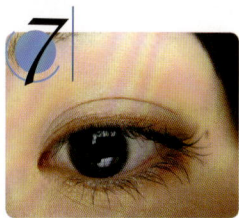

7 眼睛看似很疲倦的样子。

8 完成照。是不是真的看不出来我化眼妆了呢？但是有没有感觉人变精神了？

使用产品

A 兰芝雪晶魔幻镜光亮颜盒眼影－棕色（LANEIGE SNOW MAGIC BOX SHADOW-BROWN）
B 兰芝雪晶魔幻镜光亮颜盒眼影－天蓝色（LANEIGE SNOW MAGIC BOX SHADOW-SKYBLUE）
C 兰芝雪晶魔幻镜光亮颜盒眼影－白金色（LANEIGE SNOW MAGIC BOX SHADOW- platinum）

化妆的核心——眼妆

华丽妩媚的宴会小烟熏妆

　　不知为什么，今天特别想化个华丽的妆。顶着华丽的妆容，穿着高雅的晚装，再做一个泡菜五花肉盖饭，开饭啦！完全陷入《欲望都市》的剧情中了。

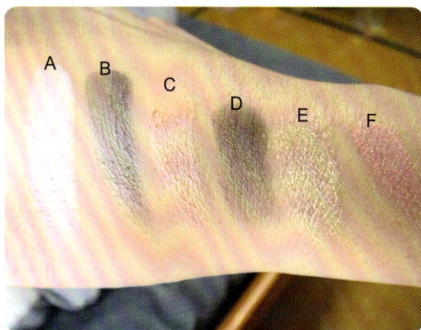

1 颜色有些多了吧。化烟熏妆时，要想比黑色柔和一些，但仍然想要维持烟熏的强烈感，就需要使用比较多的颜色。

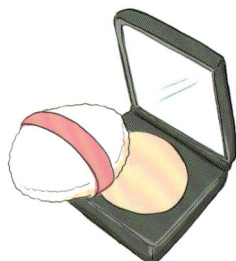

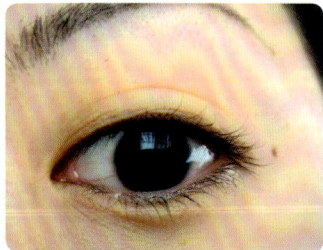

2 准备好洗完脸，还没有淋浴的素眼。

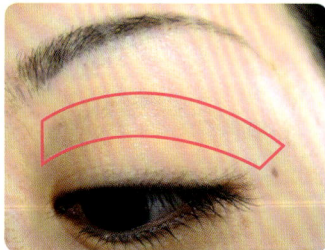

3 在A中调入少许B，调出颜色之后，涂抹于此部分。如果家里刚好有比较明亮的灰色，就再好不过了。这是为了打造出一个阴影，所以只要轻轻地画一点就够了。

4 用湿润的刷子将D涂抹于此部分。用细密的眼影刷或手指涂抹，可画出自然的层次感。

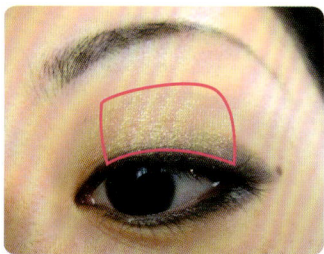

5 | 将珠光感强的 E，涂抹于此部分。

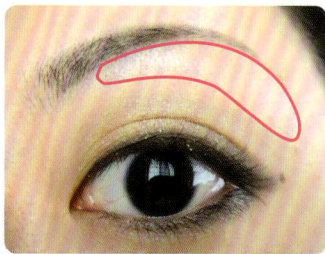

6 | 在此部分涂抹 C。

7 | 再用 F 涂抹图示部分。

8 | 用液态眼线笔画上眼线，稍微强调一下眼形。

9 | 刷完睫毛膏，即完成！

10 | 我问老公这个眼妆如何时，老公用小学低年级的水平回答说："眼睛变得特别大！"

使用产品

A 兰芝柔滑双色眼影－闪亮白色（LANEIGE PROFESSIONAL SLIDING SHADOW － Shimmer White）
B 兰芝柔滑双色眼影－深灰色（LANEIGE PROFESSIONAL SLIDING SHADOW－Dark Gray）
C 罗拉玛斯亚－砂石（Laura Mercier－sand stone）
D VOV 炫彩眼影－黑珍珠（VOV pearl-up eyes－castle black pearl）
E VOV 炫彩眼影系列－黄金色系（VOV pearl-up eyes string pearl－Gold string）
F 美卡芬艾星光亮粉 -916（MAKE UP FOR EVER STAR Powder-916）

光彩的眼部之美——
极度妩媚妆

　　个人认为李孝利姐姐最性感的时候是在第 1 张专辑里"Hey, 看我，看看我"的时候，无比梦幻和性感，尤其在 MV 中的眼妆是那么地漂亮。虽然没办法成为她那样的魔鬼身材，但眼睛总可以模仿一下嘛。

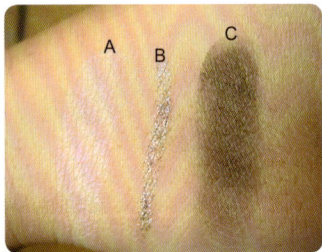

1 使用这些色彩。

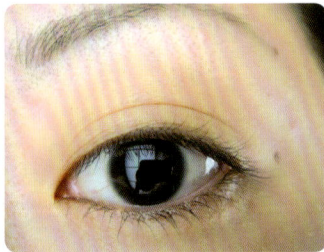

2 首先准备好电眼丽人也甘拜下风的食草动物大素眼。

3 用液态眼线笔画出长长的眼尾。然后在尾部画一个可以学习 sin、cos、tan 的直角三角形。

4 用液态眼线笔填满三角形。

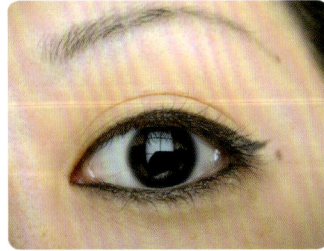

5 再用铅笔式眼线笔画下眼线。

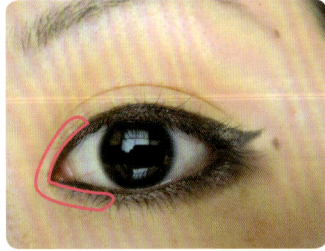

6 然后用 A 涂此部分。这个步骤省略也无妨。

7 在眼线上面清淡地涂抹 C 色。不用液态眼线笔，而用铅笔式眼线笔不可以吗？当然不行啦！那样上面的直角三角形就会晕染，这样一来就没法教学生 sin、cos 啦。

8 在此部分涂抹 B 色。如果家里有液态珍珠粉，也可以用这个。没有也无妨。

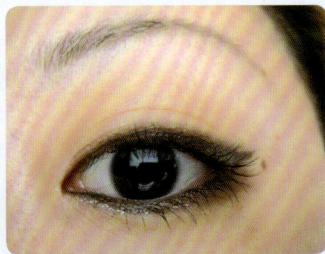

9 省略夹睫毛，只刷个睫毛膏，即完成！结果诞生了可爱的蟑螂小 baby，而不是性感孝利眼妆。

使用产品

A VOV CASTLE DEW 炫彩眼影 – 午夜粉红 (VOV CASTLE DEW pearl-up eyes– Midnight Pink)
B 美体小铺 – 液态珍珠粉（THE BODY SHOP – Liquid Glitter）
C 维森朗戈三色组眼影 – 黑色（Vincent Longo trio eyeshadow–black）

比熊猫还可爱的善良大眼妆

我的眼睛看起来有些凶，所以比较喜欢化这个妆。自从化过一次，就成了我出镜率最高的选择啦！

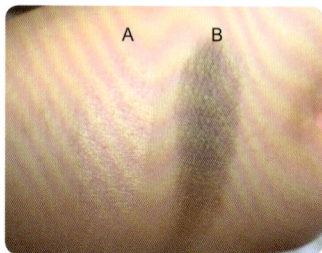

1 底色只要一种深色就可以。只用喜欢的一种重色，哟呼~

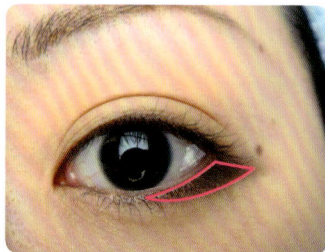

2 在此部分涂抹 B 色。我的眼尾像猫眼似的有些下垂。

3 用 B 色填满此部分。

4 用 A 涂抹此部分。如果嫌麻烦，可不涂。

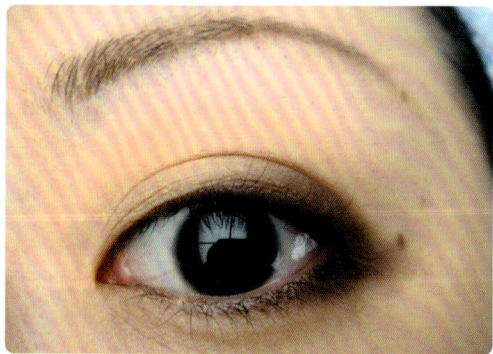

5 用铅笔式眼线笔，只在睫毛根部描画眼线。（手法参考 23 页步骤 5）

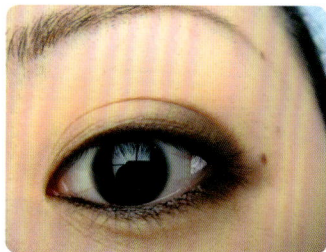

6 下眼线也用铅笔式眼线笔
画。

7 可省略夹睫毛，只刷睫毛
膏就 OK。

变身前……呜哇～可怕的姐姐！

Before

After

呜哇～完全变了哦！哈哈，搞笑搞笑！

8 看！淋浴后晾干头发的妆。别担心，我穿了
一件吊带的！怎么样，看起来是不是乖巧了
很多？不知道？好吧，搞笑版前后对照大放
送！往上看！

使用产品

A 维森朗戈三色组眼影－米黄色 (Vincent Longo trio
eyeshadow－beige)

B 维森朗戈三色组眼影－黑色 (Vincent Longo trio
eyeshadow－black)

厚眼皮大作战——
暖暖复古红粉妆

对于眼皮像我一样肥肥嫩嫩的闺蜜们，像粉红色、蓝色的眼影最好不要挑战。可是说来也奇怪，越是这样的人，越会在梳妆台上发现粉红色眼影。真可谓麦田怪圈之后最神奇的事情喽。怎么样，这次跟我一起挑战吧？

1 使用这些颜色。眼皮不是很肉的人，不必使用 C。

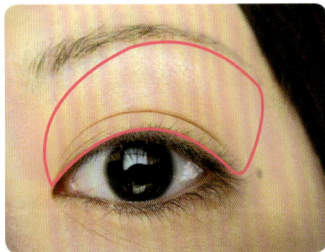

2 首先，将 A 色涂抹于上眼皮，不一定非严格遵照这条线涂。

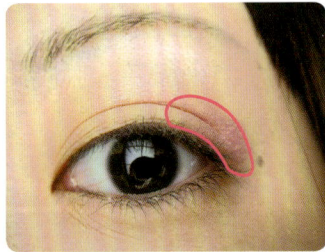

3 用手指蘸取一点 B 色，涂抹在画线部分内。

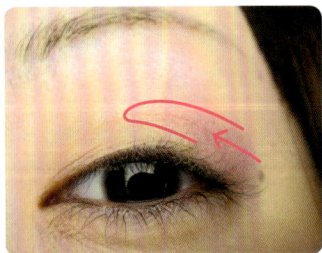

4 按箭头方向晕染。

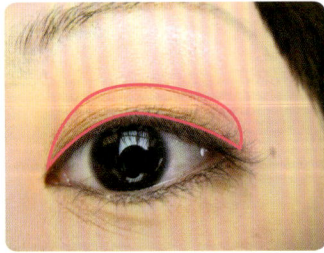

5 在此部分涂抹 C 色。若眼皮不够肥满的人，则可以直接用 B 涂抹于此处。

6 用液态眼线笔画上下眼线。也可以使用铅笔式眼线笔。

7 别忘了撒娇魅力百分百的眼底娇媚肌，在此部分用D色涂抹出耐克的山寨版标志。

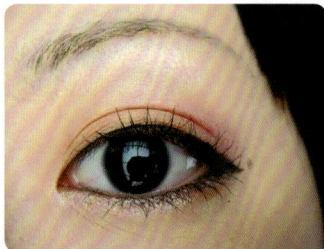

8 夹睫毛，刷睫毛膏，即完成。

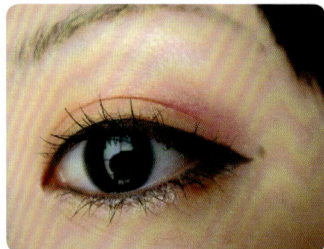

9 终于完成了，照一张！

10 轻轻闭上眼睛，又将呈现出另外一种样子。

11 全脸照大奉送！

使用产品

A 罗拉玛斯亚 – 砂石（Laura Mercier–sand stone）

B 美卡芬艾星光亮粉 –916（MAKE UP FOR EVER STAR Powder–916）

C 贝玲妃欲眼迷离眼影闪粉 – 咖啡色 (Benefit sparkling eye powder–Brown)

D 美卡芬艾星光亮粉 –947（MAKE UP FOR EVER STAR Powder–947）

化妆的核心——眼妆

Chapter 3

脸部轮廓整形妆

高光粉和腮红？很多女生不怎么使用，
总觉得化个大白脸加双大黑眼就 OK 了！
大错特错！利用好这些，可以塑造出更小更立体的脸型。
拳头大的小脸？
我们一起来 fighting 吧！

用腮红霜打造超自然的红润好气色

　　果冻状的腮红，无论涂抹多少，都不会显得很浓。但腮红霜可不同，只要涂很少的量，都会显示出不容忽视的威力，一不小心就让你脸部抽筋，卸掉重画。所以，在这里马上就告诉你由我独创的涂腮红大要领！

TIPS **油性肌肤保湿防干燥秘法**

只蘸取非常少量的腮红霜，也炫耀出了不可思议的显色力。

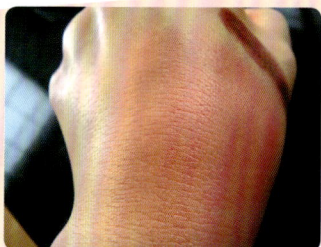

先将手背当脸庞试一下，那场面完全是 17 比 1 的打斗中，17 个人同时飞出 170 个耳光后的脸部惨状。

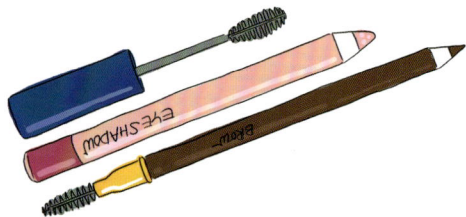

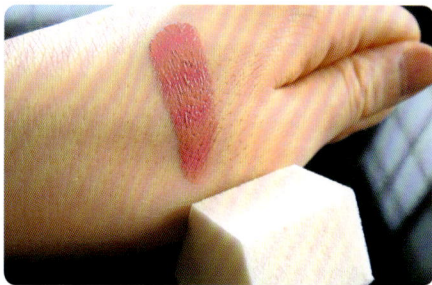

① 我会用上少量的腮红霜和海绵。海绵可以使用很久，不过1周至少清洗1次。

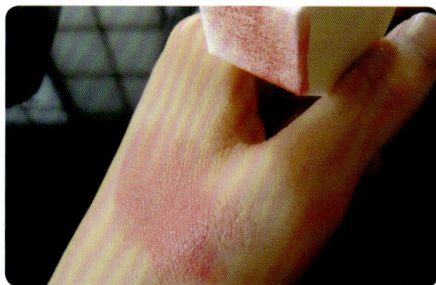

② 首先，用海绵均匀地蘸一蘸手背上的腮红霜，涂匀。

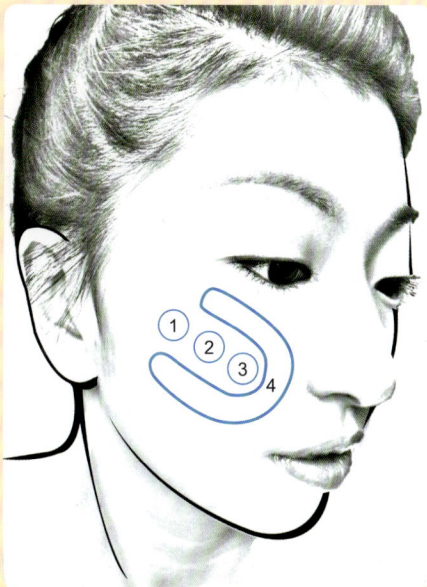

④ 打消顾虑吧，一点也不浓！这样擦绝对绝对不会有底妆被破坏的情况，也会显出自然的颜色，看起来就像自己的肌肤那样，红润可爱。

③ 用海绵往双颊上涂腮红霜。可是因为第一次搽会有些浓，因此要按①→②→③的顺序轻轻拍一拍，最后在④部分一边打圆一边轻拍。如果想要小朋友一样的好好气色，只要调换①与③的顺序就好。超自然腮红顺序是①→②→③→④，红润好气色腮红顺序是③→②→①→④。

高光粉VS腮红　丰润的光泽美人

同时使用高光粉与腮红时肌肤的光泽感会使脸庞显得更丰润、更立体。

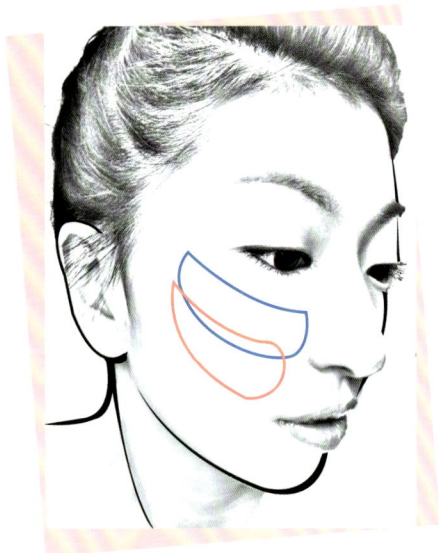

TIPS

高光粉涂抹于蓝色部分，腮红则打在粉色部分。顺序可以变动。若涂抹不干净或涂抹过量腮红使两者不能自然过渡，看起来就会很生硬，因此一定要注意控制用量，轻轻打上一小层就可以了。

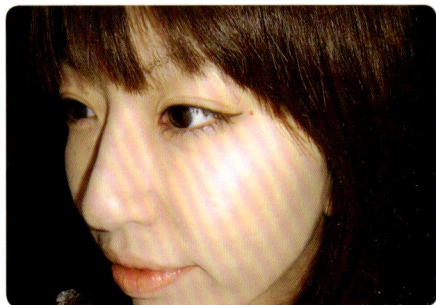

1 尤其对肌肤没有信心的我，真的很不喜欢上传肌肤照片。不过为了给大家呈现真实的过程，下定决心上传了这张。首先在脸庞的上部打上高光粉。

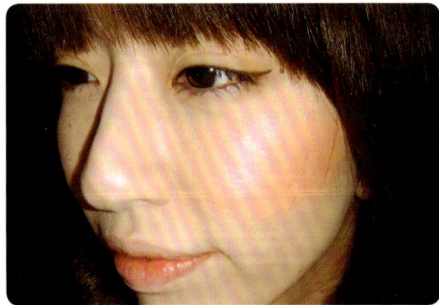

2 然后将腮红涂抹于擦了高光粉的中间部分。无论我怎么拿出照片跟大家说"显出立体感来了，显出来了~"也没办法，因为大家无法看得更仔细了。大家还是用自己的脸试一试吧。

我最想要的化妆书

根据脸型打阴影，
让脸部瞬间立体紧致

很多人都认为阴影粉只用于舞台妆，是可以省略的一部分。但是我就属于经常打阴影粉的那一类人。这个呀，保证你用过一次就上瘾。

◎ 需要画阴影的情况

想要拥有更加明显的下巴轮廓，想要隐藏脸部棱角，想要让扁平的脸变立体，想要鼻梁显得更高，想要脸蛋看起来更小，这些效果统统都可以利用阴影打造出来，其用处真是无穷无尽。在家就可以给脸来个大改造，这么好的事我怎么可能错过。不过，如果掌握不好手法而化得过于浓烈时，搞不好会变成奥特曼哦。切记一定要适量~适量！

◎ 选择阴影产品

现在我就给大家透露选择阴影产品的小窍门！如果在卖场有专家帮你，那当然可以很方便地买到适合自己的产品，但自己选择产品时，需要注意的是一定不能用手指蘸阴影粉来试验显色程度。如照片中显示的颜色一样，明明是同一色系的产品，用手指涂抹显示出的是比较浓的 A 色，而用刷子扫出来的则是比较自然的 B 色。打阴影时，我一般比较习惯用刷子，因此如果购买时认为用手指试出来的颜色过浓，而选择了淡上一个度的颜色，回家之后再用粉刷涂抹时就会发现"这完全不是阴影粉，而是亮得可以当作高光粉用的产品"。所以，在选择阴影粉时，一定要用刷子试一试颜色！

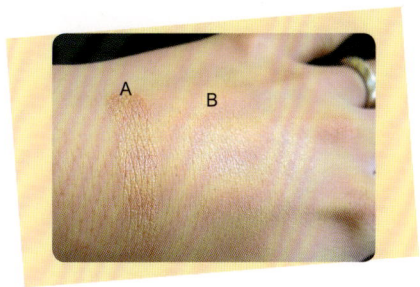

试颜色时要注意，不是在素面上，而是在上了底妆的肌肤上试颜色，这样才能选出适合自己的产品。不过，在卖场左擦右抹，一不小心就会变成邻居家的小斑点狗，所以可以在手背上先稍微擦一擦自己用的粉饼，然后再试阴影粉的颜色为好！

脸部轮廓整形妆

最后，如果阴影粉的颜色比自己的肤色深太多，或者阴影粉本身就是深颜色时，搞不好涂完之后会变成敢死队先锋。所以要选择比自己肌肤颜色只深那么一点点的产品，这样如果嫌浅的时候多涂几次就好啦。

TIPS ⊙不同脸型的不同打阴影方法

其实打阴影的方法真的很简单。如果是长脸形，则像图示那样，上下打阴影，使长脸显得更小！

如果是宽脸形，则像照片这样打上阴影就好。利用粉刷涂阴影时，要一边打圆，一边仔细晕开！如果只集中涂一个地方，会像被人打得青一块紫一块似的。

我的脸形又长又宽，所以我会按照自己的方式打阴影粉。首先，不知道是不是平时想了太多坏主意，额头显得特别狭窄。所以首先会排除额头上面的部分，只会涂在因为没有小刘海而显得很荒凉的 A 部分。因为眼旁凹陷下去，只有 B 部分有些凸出，所以这个部分也要打上阴影粉！还有我属于基本没有下巴的人，因此为了显现下巴，还不会忘记在 C 部分也打上阴影。

想要鼻梁显得更高时，像这样打阴影，这个时候选择稍微深一点的底色为好。有珠光的产品过于闪亮，会让你陷入"请欣赏我的鼻梁吧"的窘境，所以要选择亚光产品，在手背轻轻刷过之后，再涂在脸上，使其显出自然颜色。这个时候要使用粉刷涂抹，不过比起阴影粉专用的宽刷，使用一般的眼影刷轻轻涂抹会更好。

根据脸型打高光粉的方法

平面脸型的东方女孩，也可以通过阴影和高光的修容粉创造出立体的脸蛋。

高光不仅有华丽的感觉，还可以让平坦的部分显得丰润一些。不过要按照自己的脸型去涂。

◎ 选择高光粉产品时

市面上有很多种高光化妆品。其中珠光颗粒大的产品，如果涂不好会显得肤色不匀，所以我个人建议选择颗粒小的珠光粉为好。还有，涂上高光粉就会立刻闪闪发亮、华丽可人，但是一不小心也会变成秋刀鱼，所以一定要掌握涂的量！无论做什么都要适可而止，要知道过犹不及呀。脸色暗的人更适合桃粉色系列而不是白色。

涂高光粉时，比起使用刷毛过于细密的粉刷，使用高光粉专用刷会更好。要不然珠光会变得暗淡，或结成一团不易涂匀。

只要掌握好手法和量，高光粉可以塑造出更加华丽、立体的脸型。下面，请读者们着迷于高光粉的魅力之中吧！

TIPS ⊙打高光粉的方法

高光粉一般打在眼底，修饰出华丽感，或者涂抹于眉下、下巴下、T字部位，为阴影粉打造出的阴影效果锦上添花，让脸型瞬时立体起来。这个时候，涂抹于眼底的高光粉过多会使眼底皱纹变明显，请慎重使用！

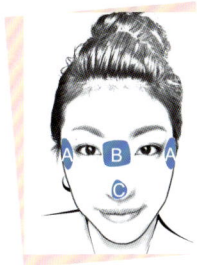

这是我的独特高光粉涂抹方法。我会先按一般方法涂抹高光粉，此外还会在塌陷下去的A部分涂抹高光粉，使其富有曲线感。B部分，则是为了使长得只见高度、不见可爱度的高鼻梁显得低一些，而横着涂高光粉。而C部分……则是为了拯救塌鼻头而打的高光粉。

脸部轮廓整形妆

Chapter 3 · 91

适合不同脸型的腮红涂抹方法

我并不是每天都涂腮红。眼妆比较浓的时候，可能不会涂腮红，或者只涂一点米黄色。但化了淡眼妆时，一般都会用腮红。所以我的意见是，应该在化好底妆和眼妆之后，再观察一下是否需要涂腮红更保险。

◎ 腮红种类

腮红大体分为粉状、霜状、啫喱状。粉状腮红比较适合刚入门的女孩子，显色淡，即使失手也不会很明显，但会类似散粉的感觉，颜色有些浑浊、不够透亮。霜状腮红则会以清透的颜色表现出富有生机的肌肤，附着力强。但如果没有好的技巧，可能会涂抹得过浓，用手指涂抹时还会发生底妆被推的现象。啫喱状则是将粉状和霜状的优点集于一身的产品，但是有不易推开的缺点。另外，白皙肌肤的人更适合粉色系列，暗色肌肤的人更适合橙色系列，不过还是要结合整体妆感来选择颜色，这样比参考肌肤颜色做选择更聪明。

◎ 腮红工具

涂腮红的时候，辅助工具的力量真的不容忽视！霜状腮红要用粉扑才能显出自然的颜色，粉状腮红则要利用粉刷才能既显出珠光感，又能显出色彩感。偶尔有些产品会附带海绵，但用海绵会基本上失去珠光感。请相信工具的力量吧。

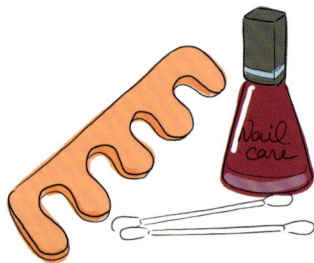

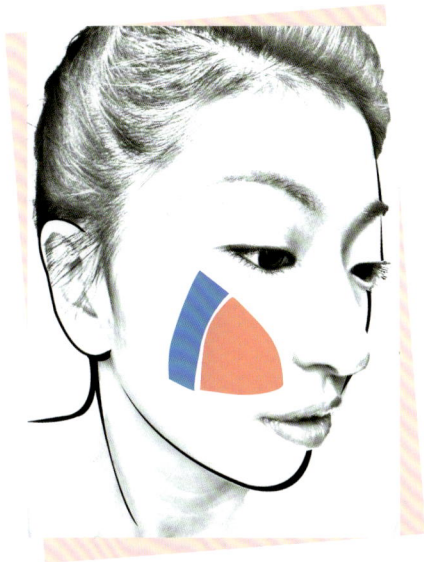

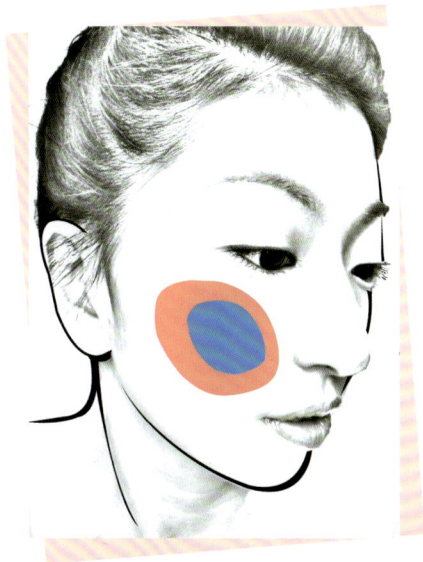

我是不是饿了，怎么画出了块可爱的小西瓜？这个方法推荐给脸部肉肉的朋友们。腮红虽然使人显得可爱，但是因为有强调脸庞的效果，因此一不小心会显得更肉。利用腮红妆出好气色的同时，还要注意不要刷出大肥脸哦。如果只涂阴影粉，会显得非常憔悴，搞不好周围人还会帮你叫救护车，所以一定要涂腮红。先用腮红刷蘸取一点腮红，弹掉多余粉末，再从外向内涂。之所以用了色框区分，是为了告诉大家更详细的涂抹法。要从蓝色部分向粉红色部分移动才可以，若刚开始就涂粉红色部分，就会变得很深，感觉像是影子。

看来我真的是饿坏了，竟然还画出来一个煮熟的鸡蛋。这回涂的是显得脸部饱满的腮红。微笑，脸上凸出来的地方就是"微笑肌"，在这部分从里往外涂腮红。为了营造可爱的感觉，请从蓝色部分向粉红色部分涂抹。这个时候如果腮红刷上沾有太多的腮红，搞不好即使自己一点都不害羞，也会被人误会"咦？那位大婶怎么那么害羞"。所以一定要把多余的腮红弹掉哦！

脸部轮廓整形妆

Chapter 4

塑造可爱又性感的嘴唇

厚有厚的烦恼，薄有薄的苦衷，看似 easy 的唇妆却总是让人搞不定。

加上要与那不知疲倦的干皮角质作斗争……

抽屉里有五颜六色一大排颜色，却不知道该挑哪款来涂，是吧?

现在告诉大家嘴唇护理法以及可爱嘴唇表现法。

冷风刮起，
嘴唇的干皮角质摇摇欲坠

蚕蛹想跟它交朋友，化石博物馆的三叶虫都要拜它为偶像。对，它就是我的嘴唇，皱纹一大堆的嘴唇。夏天还可以，可一旦进入刮冷风的秋冬季节，干皮角质就开始出来活动。别提擦上漂亮的唇膏，搞不好还会见血呢。只有事先做好预防工作，才能平息干皮角质的起义。

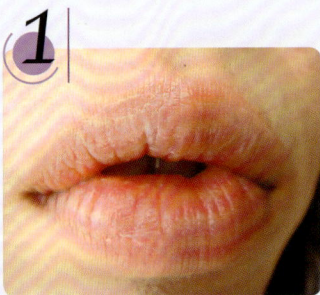

1

睡觉之前，要涂护唇膏、蜂蜜或凡士林。我特别喜欢蜂蜜，听说含有保湿成分，所以经常被用做润肤乳的成分，不过我只是因为贪吃……这该死的大嘴哦！据说市场上卖的护唇产品中大部分都含有凡士林成分，所以在药店购买廉价的凡士林来涂就好啦。

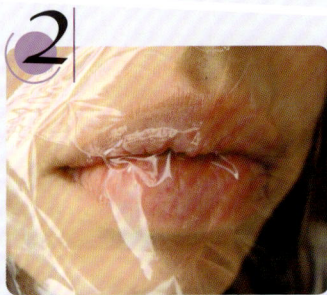

2

涂好凡士林，再用保鲜膜敷上，一是为了防止水分蒸发，二是为了保湿成分更好地被吸收，然后再一边看电视，一边打滚。睡觉时做也可以哦！

3

要想让嘴唇角质最快地"睡着"，用化妆棉蘸取一些稍微加热的牛奶。

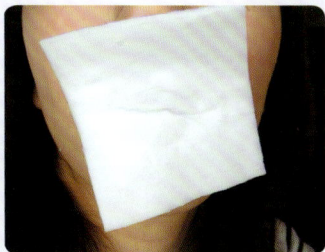

4 像这样贴在嘴唇上 5 分钟！这样做并不能去掉角质，只是会让干皮角质粘在嘴唇上，所以看似隐形了而已。做完这一步，再涂唇膏，防止水分蒸发！但是，嘴唇上会留有牛奶味……

5 当感觉到时间真的不够时，我会用超级大法——牙刷。这是强制刷掉角质的方法，会有很强的刺激，所以只用于真正超级忙的时候！不过，比起用手撕开干皮，这个方法要好很多。

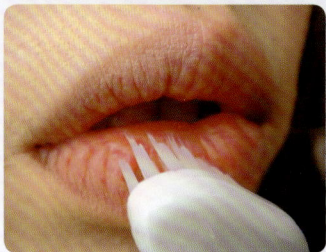

6 这个时候，如果使用干燥的牙刷，对嘴唇的刺激会 ×1000000。洗完澡，在嘴唇很软的状态下，用蘸过水的牙刷，轻轻打转着刷掉角质就好。真的要很小心哦，不然会见血！

塑造可爱又性感的嘴唇

用什么工具涂唇妆最漂亮

你平时用什么工具涂唇妆呢？其实根据唇膏或唇彩的质感，选择会有所不同。涂唇彩时一般用手指或直接贴嘴唇涂，这样能使光泽感加倍，但会显得比较厚重。可是如果用刷子涂就可以涂得很薄，但光泽感却差很多。选对涂抹的方法，唇膏效果会加倍。

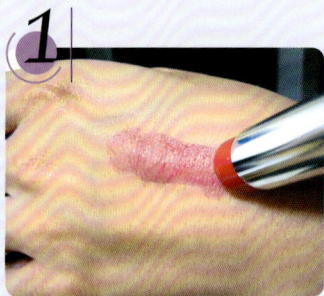

1 将唇膏直接贴嘴唇涂，显色最好，但是颜色可能会不匀。

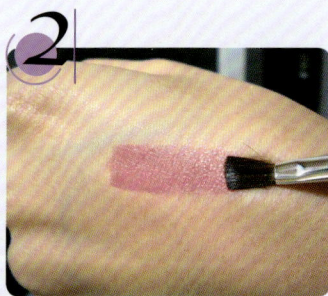

2 用唇膏刷涂抹时，既能涂得薄，颜色也显得非常均匀，很漂亮。显色也会比用手指涂更浓一些。

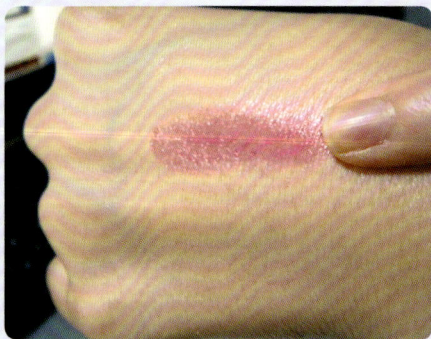

3 用手指涂时，既能有自然的显色，还会因为手指有温度，而涂出滋润的感觉，使唇纹不那么明显。涂深色唇膏时，用手指轻拍，会更漂亮，更自然。

掌握唇彩画法，打造薄嘴唇清爽感

本人特别喜欢薄薄的嘴唇，但是我的嘴唇却是那么厚，唇纹又多，还有干皮角质，不知道哪来那么强的独立性，每天都会立起来。所以不能画唇线，也不能涂深色。我的诉苦是不是太长了？总之，这是利用唇彩让厚重的嘴唇显得薄一些的方法。

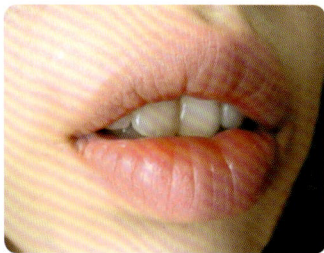

1 首先准备好切完能装三个碟子那么厚的嘴唇。

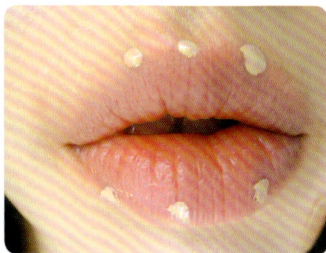

2 将嘴唇专用遮瑕膏或液态粉底轻轻点在唇线上。不需要太多的量。利用粉扑上留下的粉底轻轻拍一拍也可以。

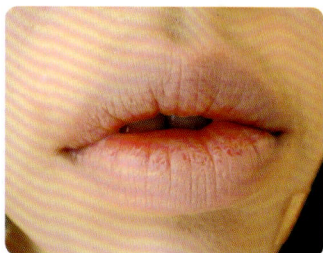

3 这样做就能做出一张患有头痛、牙痛、食欲不振、贫血、便秘、食物中毒等等，病得快不行了的时候的嘴唇。

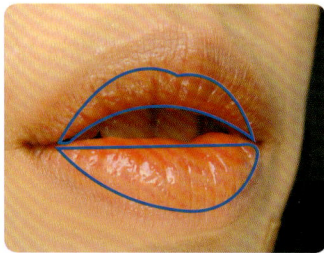

4 然后，涂唇膏（选择有色彩的唇膏）在此部分。就算要撒个弥天大谎，也要说："我的嘴唇就像照片里这样薄哦！"

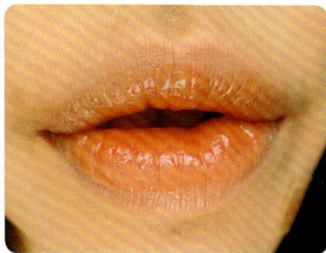

5 有没有变成这样？看起来是不是薄一些了呢？看整个脸部时，嘴唇不会那么显眼了。真高兴！

塑造可爱又性感的嘴唇

单薄变丰满　水果糖嘟嘟唇

我的嘴唇很厚，又不漂亮，所以通常不这样化。可是为了告诉嘴唇纤薄的人们，能够化出可爱嘟嘟嘴的方法，在这里就厚着脸皮炫上一把了。

1

首先准备好与粉底激烈战斗之后，迎接死亡的嘴唇。真像蚕蛹啊……

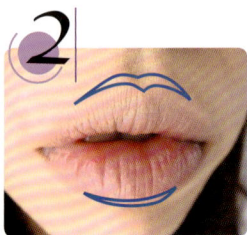

2

用白色眼线笔轻轻画一画唇线上面。不需要画得跟眼线一样厚，用笔轻轻带过就够。不要使劲按压着画，温柔地画一笔就好～

3

将喜欢的唇膏涂在唇线内。

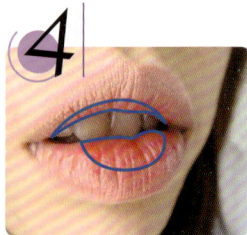

4

为了使嘴唇看起来更加圆润，在嘴唇内线涂比第一次用的唇膏更深的颜色。

5

变成这样了吧？嘴好像有点歪了。难道是因为昨天睡凉席的原因？呜呼～

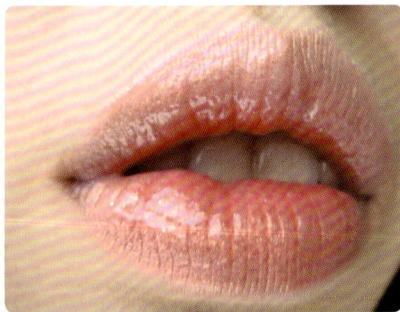

6

涂上透明的唇彩（有丰满效果的产品）就完成了！很长时间没有这么精心地涂我这满是唇纹的嘴唇了，看着很是喜欢，便问了老公："我的嘴唇怎么样？"
"嗯！嘴唇很好地并在一起啊。"
"不是～～不是这个！我的嘴唇怎么样？"
"嗯！没有粘着紫菜渣子。"
怒！你想燃起我愤怒的火焰吗？

不要白白浪费那些夸张色彩的唇膏

只要是有女人生活的屋里，一定能在某个角落找到夸张色彩的唇膏。不过，与其让它就这样一天天烂下去，不如让我们好好利用起来，重新做出自然颜色的唇妆产品吧！

◎ 第1种方法

我把这类都命名为红彤彤唇膏。小时候，偶尔看见妈妈会涂这样的颜色，可是现在的妈妈们都很时尚，几乎不涂这类颜色了。

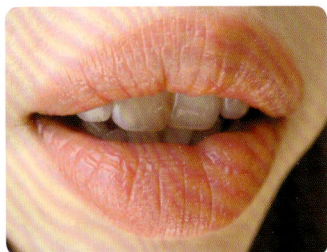

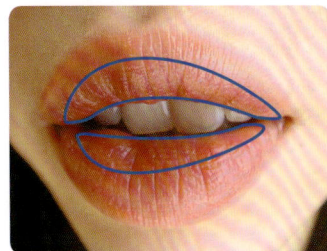

1 首先，将低色调的橙色涂在整个嘴唇上。其实只要比红色淡，任何唇膏都OK！

2 利用手指将红彤彤唇膏轻拍于线条范围内。若用唇膏刷涂显色会过浓。

3 嗒嗒～完成了！很简单吧？我也按这个方法涂过一阵子。不过最近风有些大，嘴唇开始干燥起来了，所以在此基础上还会多涂一层唇彩。

塑造可爱又性感的嘴唇

◎ 第 2 种方法

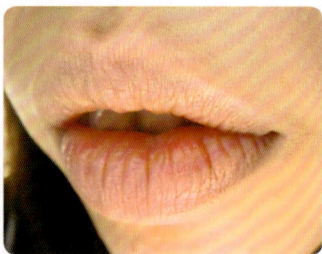

1 像这样擦完粉饼，嘴唇就会像患者那样病恹恹的。

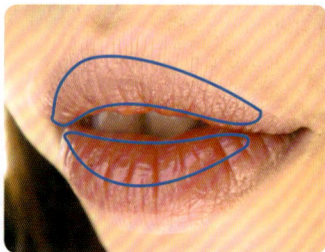

2 这个时候，将红彤彤唇膏涂在线条范围内，像方法1那样用手指轻轻拍打着涂。

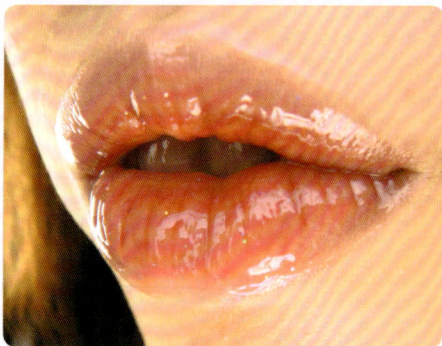

3 最后涂透明唇彩就好了。可是这次似乎涂过了，看起来像用糖浆涂层的鸡胗。啊～香甜筋道！不过，从脸部整体来看，倒不会显得很油。

不脱妆!

让妆效更持久的唇妆秘技

　　没有空闲补唇妆时，特别是吃完东西之后，唇膏和唇彩早已不见踪影，只剩下唇线，完全就是呜咔呜咔恰恰恰……真是惨不忍睹。所以一般情况下，我都是在吃饭之前，先将唇妆擦掉。话题又扯到天南地北去了。今天要告诉大家妆效持久的唇部化妆法。

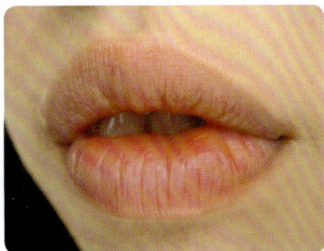

1 准备好无论怎么努力，都无法熨平的素唇。难道只有打一针肉毒素（botox），才能除皱吗?

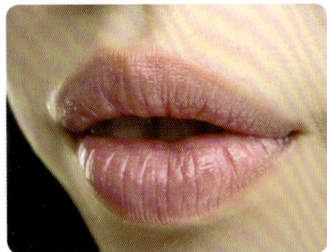

2 涂抹喜欢的唇膏，而不是唇彩。涂唇彩意味着要跟持续性说再见。液体唇彩的持续性真是无可挑剔，只是色彩不够多样。

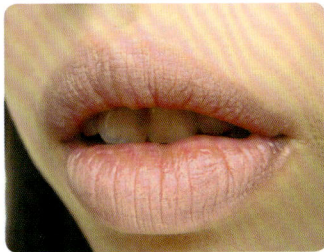

3 将几乎无水分的粉饼轻轻拍涂在嘴唇上。涂得过多会卡粉，所以只要一点点!

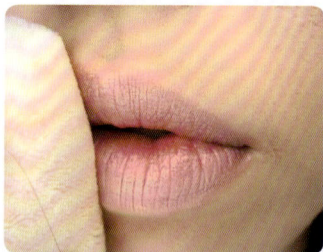

4 虽然粉饼吸收了唇膏的油分，但为了更均匀，还需再用粉扑轻轻拍打。

5 这样一来，就诞生了会让妈妈投去怜惜目光的患病少女的嘴唇。

6 再涂一遍那个唇膏。虽然嘴唇会感觉比较厚，可是从外表看却不厚重，而且持续力非常强。

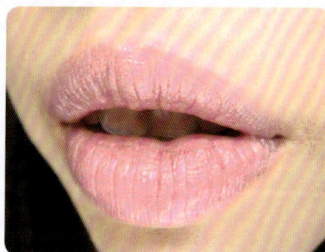

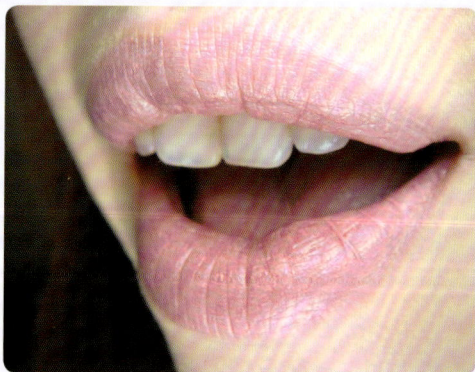

7 啊呜～好兴奋！

清透小仙女的唇部裸妆

化了浓眼妆时，如果唇妆也很鲜艳，两者就都会变成亮点，这样一来其实反而没了重点。所以在这里我才要推荐唇部裸妆！

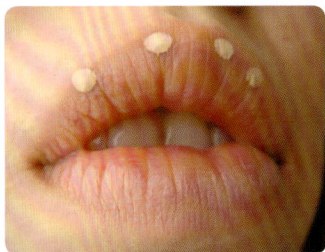

1 首先用唇部遮瑕膏或滋润型粉饼调低唇部色调。下嘴唇也一样。

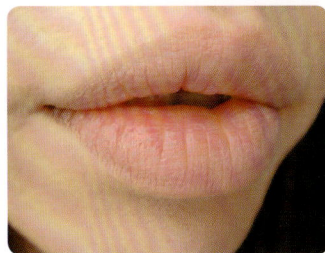

2 打过底后的嘴唇就是这样。

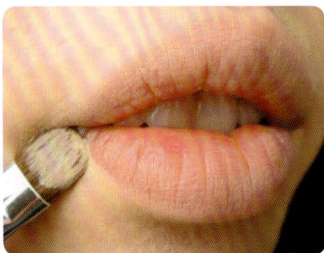

3 利用一般遮瑕膏涂抹唇线部分。这样做可以使唇色与肤色自然承接，不至于让唇部更突兀！

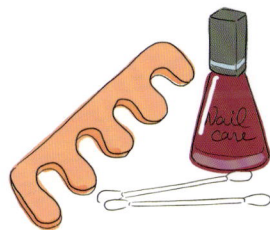

塑造可爱又性感的嘴唇

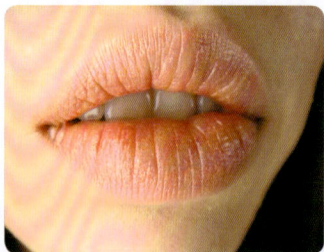

4 涂抹喜欢的淡色。我选了稍带金色珠粉的产品。

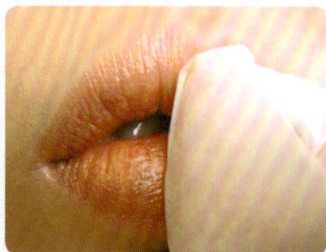

5 用纸巾蘸去唇膏的油。

6 若认为化裸妆就应去掉光泽感，那么就请顺带把我的大脑一同扔到仙女座去吧。要知道带有湿润感的唇妆才更漂亮。涂透明的唇彩也好，涂像我这样的米黄色唇彩也可以。

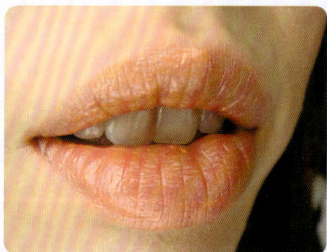

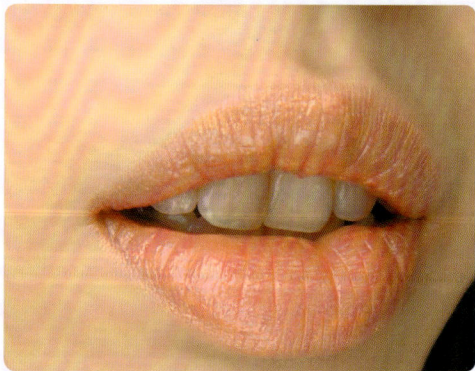

7 从远处看颜色不会这么深，更不会抢眼。宁静得似乎与你轻声细语着"我在这里"。

用唇线塑造出圆润唇形

　　我并不喜欢画唇线。为什么？因为画唇线会使我的厚嘴唇显得更加厚重。不过，对于拥有薄嘴唇的美眉而言，就会非常适合画唇线。但唇线与唇色或唇膏色太过不同，就会显得唇线漂在上面，真的不太好看。尤其画了太过浓的唇线的那天，吃完美餐之后唇膏与唇彩早已不见踪迹，只留下唇线孤身一人时，千万不要笑，那会让人想起恐怖的鬼片！

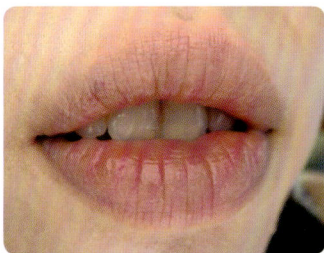

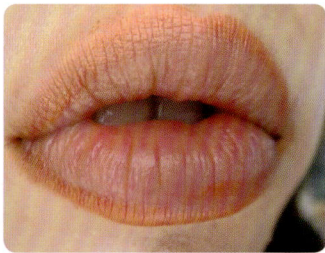

2 用喜欢的颜色画上比原来的唇线稍微大的唇线。但如果唇线过大也会麻烦。唇线笔要选择柔软一些的，这会比硬邦邦的更易显色，也不会聚集，更不会有刺激。

1 首先稀里糊涂～准备长得像我的性格的嘴唇。

3 然后利用唇刷蘸取薄薄的一层透明唇彩，顺着唇线从外向里晕染开来。下唇线也用同样的方法从外向里！这样做，从整体看颜色会相似，但唇线部分会比较深一些，因此就能使唇部看起来丰满一些！但唇线要与唇彩混合得很好，不然唇线会过于凸显。

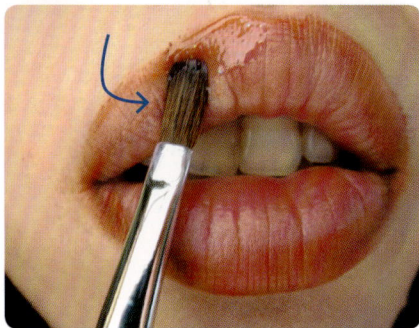

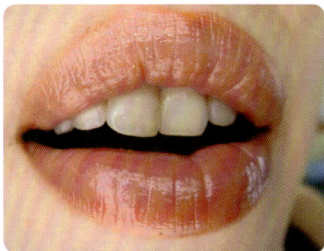

4 变成这种样子，就完成了。如果唇线颜色不够满意，可以利用唇刷蘸取深色唇膏，画好线之后，再用同样的方法涂抹唇彩就好。

SUN BLOCK SPF50

塑造可爱又性感的嘴唇

化好唇妆，也能保护嘴唇

　　唇妆固然重要，但一到冬天，保持嘴唇滋润就变得更重要了。唇彩虽有光泽感，但很容易干燥。市场上销售的唇膏中也有带色彩的产品，但是显色不够深，颜色也不够多样。唇膏中也有含有滋润成分的，既有多种颜色，还能护理唇部，可是相对较贵。所以，我们还是利用家里现成的唇膏，尝试既可以化出唇妆，还可以保护嘴唇的方法吧。

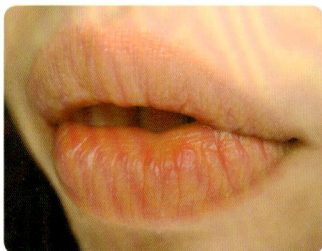

1 首先准备呆滞的素唇。

2 涂一层薄薄的润唇膏。直接涂或利用唇刷都可以。但涂得过厚，会有嘴上坐着一只癞蛤蟆的感觉，所以一定要薄！

3 然后利用唇刷涂一层薄薄的唇膏。

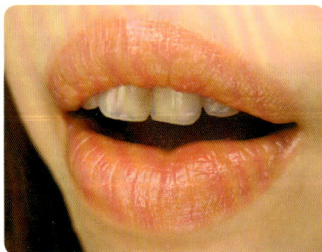

4 这样做，既可以节省钱，还可以利用自己喜欢的唇妆颜色保护嘴唇。

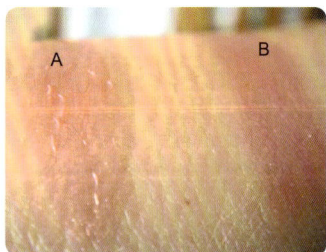

5 A 是涂完润唇膏，再涂唇膏的嘴唇。B 是只涂了唇膏的嘴唇。两者的显色本身没有多大的差别，不过 A 不仅能维持唇膏的颜色，也能倍增滋润感，还能保护嘴唇，这岂不是一石三鸟。

混合唇妆产品，
创造出喜欢的颜色

今天把家里的唇妆产品收集起来，尝试创造新的颜色。千万不要因为我用了"创造"这个词，就以为把透明唇彩和红色唇膏混合在一起也能创造出蓝色啊！

1 旁边是最最著名的干巴粉红色唇膏。若单独使用它，你就会看到宛如 3D 立体电影中的嘴唇，所以我一般喜欢将色调弄得暗一些。在此基础上调入其他唇膏或唇彩就好。我的唇膏本身就干巴巴的，所以我喜欢调入唇彩。希望让它变稀一些。

2 将 B 与 C 共入洞房，就可以诞生出叫做 A 的可爱家伙。嘤啊～嘤啊～

4 虽然有些晃动的死皮，但也显出令我满意的色彩了。比单独涂唇膏时显得更滋润了！但是补妆时会有些麻烦。因为要随身携带两种产品。不过这比嘴唇变成 3D 立体电影要好一些吧？

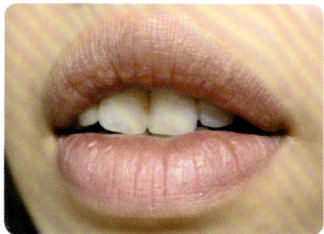

3 还要涂在嘴唇看看效果吧？

塑造可爱又性感的嘴唇

与唇色相协调的眼妆

实际上，没有所谓一定适合唇色的眼妆，但为了说明基本情况，我还是特意先去学了色彩功课。不过，这可不是死规定。因为除了化妆以外，还要根据服装和发型而定，因此要看脸部整体的氛围，再选择唇妆颜色。

1 没想到橙色的唇妆与草绿色眼影比较协调。我一般都是先化眼妆，再选择唇妆色彩，不知道其他人如何。

2 浓郁的烟熏妆会使眼睛很突出，这个时候要用浅淡色彩降低唇部色调。这可怎么办，没有用好桃色唇膏，不小心变成黄色唇膏了。呜呼。

③ 粉色唇膏真难应付。一不小心就会让唇部过于明显。杂志或电视上有很多适合粉色唇膏的人，不过似乎只有脸蛋长得漂亮的人才能承受（烦~）。总之粉色唇膏与过于浓烈或模糊的眼妆都不太适合。粉红色唇膏用于强调一点唇线就好。

④ 说实话我还真不喜欢红色唇膏，但是发现红色唇膏的狂热者还真不少。虽然几乎不涂，但用的时候，发现肌肤上的杂斑居然不那么明显了。因为嘴唇非常抢眼，哈哈！配合的眼妆要省略眼线，只在眼底娇美肌上轻轻涂一层亮光。这样一来嘴唇就会非常跳跃了吧？若脸上抢眼的地方多到两三处，就会显得很杂乱。

塑造可爱又性感的嘴唇

Chapter 5

大婶的化妆小技巧

这一章主要公开可以遮盖眼部缺点的眼线画法、
化妆品的再利用法、超速眼妆等，
我会把十年化妆经验的精髓，在这里全部奉送给大家。

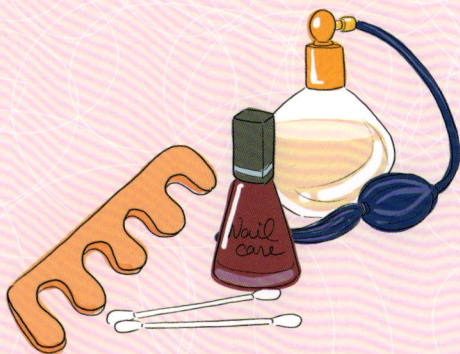

新婚初夜的绝密自然妆

　　我的读者中一定有已经结婚的，不过在这里作为人生前辈，让我告诉没有结婚的妹妹们一个秘密化妆法，就是最好使用于新婚初夜的，若有似无的自然化妆法。

◎首先化底妆

　　肌肤底妆可以按照自己惯常的方式来化，但切忌化得太厚。还有绝对不能擦粉，要显得稍稍有些光泽的肌肤为好，这样才类似于素眼。还有杂斑或斑点要留出几个，不然老公会误会自己老婆是面粉娃娃～边哭边逃出酒店。

◎现在开始化眼妆

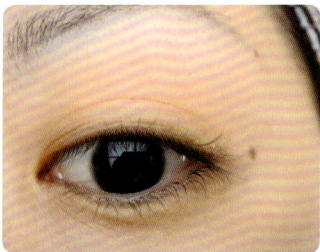

1 准备好素眼。结婚典礼之后累到快要粘在一起的疲倦双眼。

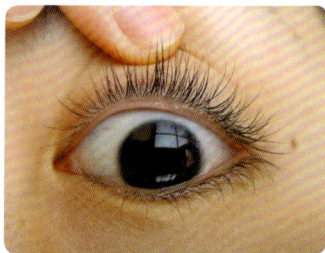

2 稍微按一下眼窝。呜哇～眉毛吓人吧？早就说了，我的毛毛不容忽视！

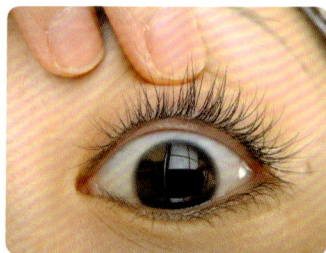

3 然后，按这种方式，利用眼线笔填满睫毛根部的空余地方。

4 睁开眼睛就可以看得到比素眼更深邃的眼线。

5 这样闭上眼睛，也能看出画了眼线！这就是要点。如果为了让眼睛看起来更大而多画了1cm，搞不好会被老公误会眼皮上粘了海苔哦。

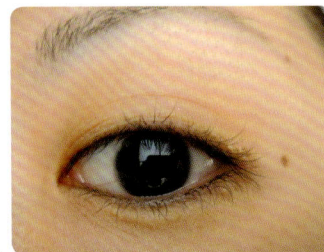

6 然后，下面的眼睑也稍微化一下吧。下眼线可以省略。用棕色或灰色会显得更自然。

7 然后夹一夹睫毛就好了！
不要刷睫毛哦。如果你一向很依赖睫毛膏，那我建议你只刷透明睫毛膏，使睫毛更挺一点就够了。

Before

After

这是前后对比照片，怎么样？眼形确实变得深邃一些，闭上眼睛时，眼线也不会那么明显吧？

大婶的化妆小技巧

◎ 唇妆

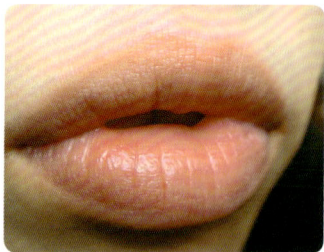

1 首先准备好素唇。

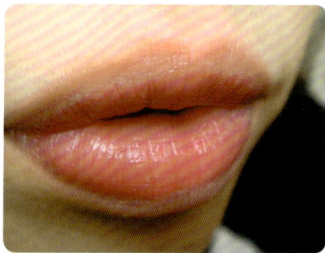

2 如果有液体唇彩就用液体唇彩从中间向唇线处晕染。如果没有，用红色唇膏只涂嘴唇中间。

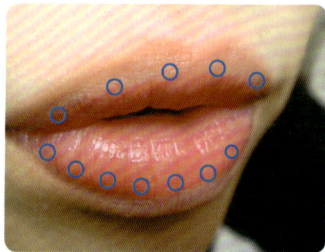

3 用手指轻轻拍一拍。

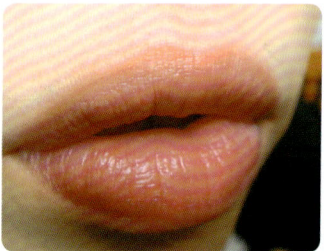

4 像不像红樱桃？看不出化过唇妆吧？哈哈，有人居然说像出来炫耀新鲜感的蚕蛹！绝对不要顺着唇线去涂唇膏，要从内侧开始涂。

◎ 发型

　　看到女人湿答答的头发时，男人会喷鼻血！虽说如此，但这也仅限于长相漂亮的女人而言……而我的后脑勺则与传闻中的自杀悬崖相类似，头发潮湿时会一直紧贴头皮，使眼球充满湿气，一点没有性感之美，只像一只落汤鸡。还是那风一吹，会飘飘然的长发最美啊。另外，使用香气洗发水是基本礼仪！结婚之后若不勤洗头，老公有可能会晕倒！

眼影也能当高光粉用

这回用问答题开始吧。还剩下电话求助和排除一个错误答案的机会，请利用好机会答题哦。

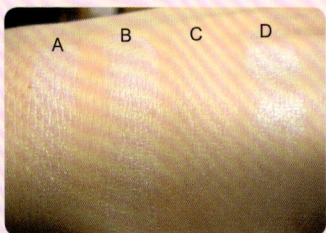

1 这四种颜色中哪一个不是高光粉？回答正确的人可获得与我共进晚餐的机会。如果觉得没必要，不想选的话……哎哟，麻烦你，就回答一次吧～好不好～嗯？

选项：

A 雅诗兰黛高光粉（ESTEE LAUDER highlight）

B 兰芝高光粉（LANEIGE highlight）

C 妙巴黎高光粉（BOURJOIS highlight）

D 妙巴黎眼影（BOURJOIS SHADOW）

正确答案：

　　对，D 不是高光粉。不过我偶尔会用这个代替高光粉。若家里有白色或桃色、金色等色彩中有淡淡显色的眼影产品，就可以作为高光粉使用。因为不像专家有那么多不同产品，所以我经常会用这种方法。谁叫我是会过日子的好主妇呢。

2 用高光粉刷蘸此眼影，在需要打高光粉的部分轻轻打转，稍微刷一刷就好了。如果担心颜色会深，可先在手背上试一试。

3 这是涂抹于手背时候照的，但因为是在阳光下照的，看起来比实际更闪亮一些。不过刷在脸上的时候，显色刚刚好，很是令人满意。偶尔我还会将腮红当眼影用，或相反将眼影当腮红用。我是活用之王！

大婶的化妆小技巧

唇彩加眼影，妆出大牌感

　　有一阵，某知名品牌出产了数不胜数的黄金产品，以至于到哪里都能看见一片闪亮。但是，看着日渐消瘦的皮夹，我还是双手捂住脸颊"呀"地尖叫出来。所以，我会自己动手做出相似的颜色来使用。谁让我是没有牙齿，也能用牙床嚼着吃肉的女人呢。最好是用黄金色唇膏调和唇彩来使用，但因为我没有黄金色唇膏，就用黄金色眼影做配色了。

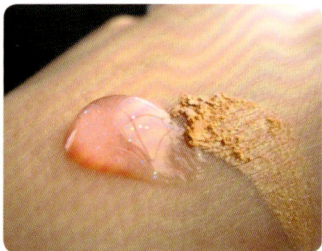

1 取一些唇彩或唇膏（稍微透明为好）于手背上，再把适量的黄金色眼影调入其中。要一边调色，一边调节眼影量。

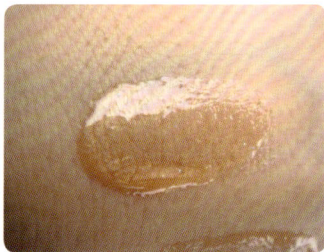

2 这是调和好之后的样子。黄金色眼影似乎有些少，但因为喜欢稍微淡一点的颜色，所以我没再加量。

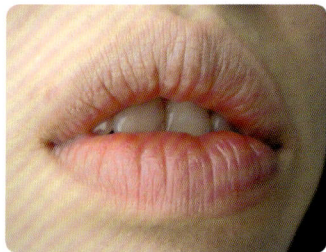

3 准备好素唇吧。至于我的皱纹，请忽视。

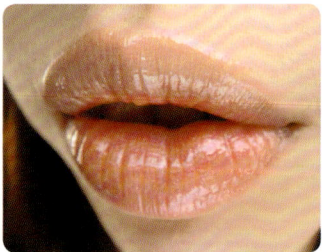

4 唇部显色之后。

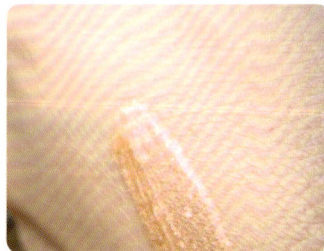

5 这是名牌产品的黄金色唇彩。为了做比较涂了一次。这个产品的黄金珍珠亮片稍微大了一些，如果调入眼影时带有黄金色珍珠粉就与之相似。

made

product

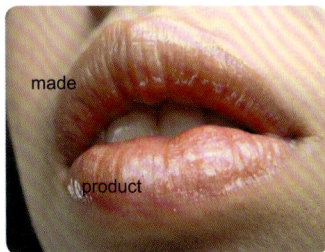

6 上唇涂了我亲自做的唇彩，下唇涂了市场销售的产品。制作时调入更多眼影就好了。不过整体上色调还是很相似的。

made

product

7 用肉眼看，真是惊人的相同。

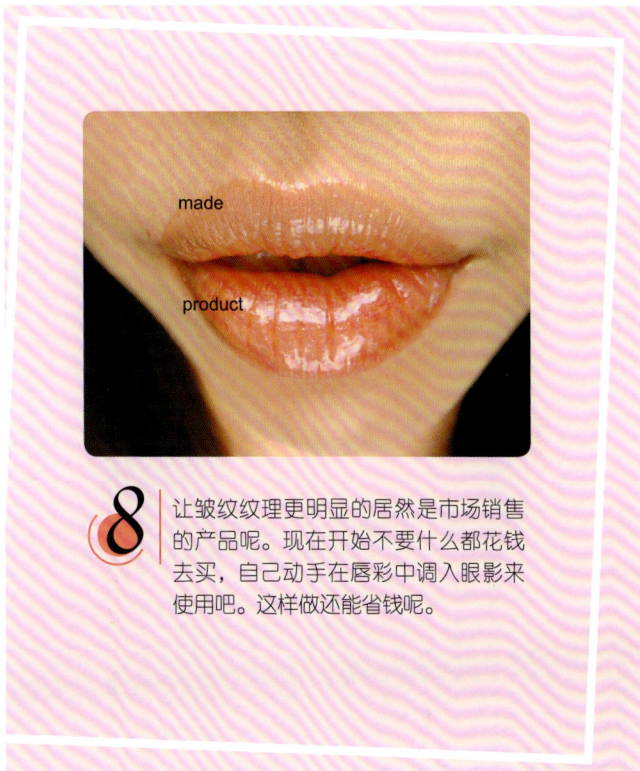

made

product

8 让皱纹纹理更明显的居然是市场销售的产品呢。现在开始不要什么都花钱去买，自己动手在唇彩中调入眼影来使用吧。这样做还能省钱呢。

大婶的化妆小技巧

用一般眼影做眼影霜

　　我不太喜欢使用眼影霜。虽然显色度和光泽感很漂亮，但是用霜状眼影时，眼影会显出更多皱纹，持久力差。所以除了为突出光泽感之外，我不会买眼影霜。不过有需要时，我就会自己动手做。够新鲜吧！

1 首先刮取显色比较淡的眼影或准备好眼影粉。

2 我习惯调入防晒霜，不过调入底霜或营养霜也可以。只要让它稍微黏稠一些就好。

3 用手指或眼影棒混合好。

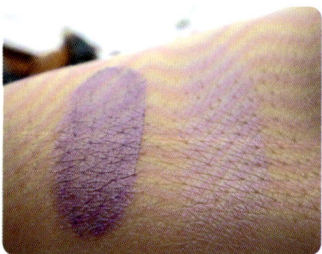

4 左边是眼影霜，右边是一般眼影的显色照片。这样做的好处有：一可以省钱，二显色要比霜状眼影好。另外，不会出现皱纹明显现象，持续力也会增强。但缺点是，做一次就要洗一次眼影棒。麻烦啊，哼哼。

眼影大改造，迷人色调DIY

比起化妆品本身，我更喜欢化妆。所以比较喜欢利用家里的化妆品，而不是总去买新产品。今天的眼妆需要色调比较暗的紫色。买一个新品当然更好，但这样一来皮夹又该变瘦了。所以决定自己调出新眼影。

1 认真刮取白色和灰色眼影。眼影粉很容易混合。

2 刮取一些原来就有的亮紫色眼影。就像刮水瓢那样～

3 调和好就可以。在此基础上调入营养霜，做成眼影霜也可以。或者只调眼影粉，用眼影刷涂抹也可以。

4 A= B+C+D
向为了调出新颜色而牺牲的 B、C、D 致以最诚挚的谢意。

只用一种眼影，就能化出层次感

我很担心有些朋友为了练习化妆，而去买各种各样的一大堆眼影，在这里告诉大家，用家里的一种眼影也能化出层次丰富的漂亮眼妆的方法。

虽然是一种眼影，但根据涂抹方法能显出不同的色调。最左侧是用宽眼影刷刷得很淡的颜色，中间是用手指涂抹的颜色，右边是在眼影刷上蘸上一点水之后涂抹的颜色。今天我用的是黄金卡其色。

用宽眼影刷，将眼影淡淡地涂抹在素眼上。

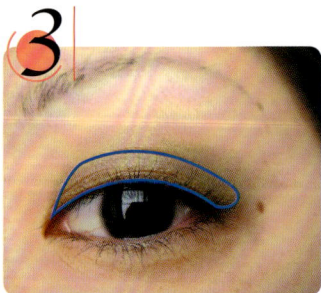

然后利用手指将眼影涂抹于双眼皮褶皱处。

然后利用蘸有一点水的刷子（利用眼线刷也可以），涂抹在此部分。

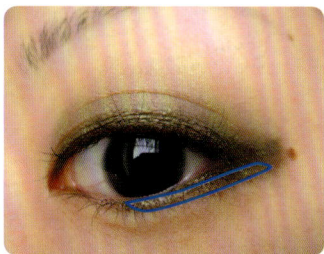

5 眼底部分只涂一半就好，不必整体都涂。

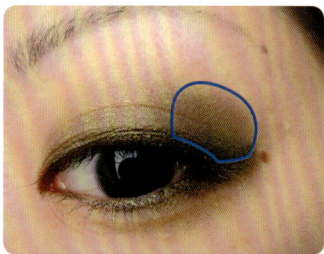

6 用手指涂抹在此部分之后，以画圆的感觉晕染开。

7 刷完睫毛膏即完成！

8 在光下，眼底显出一丝黄金色。

9 这是完成图。轻轻闭上眼睛后能看到渐变感。绝对不要买昂贵的眼影或很多种眼影当练习用！不节省怎么能过好日子。

使用产品

A VOV CASTLE DEW 炫彩眼影－金土色 (VOV CASTLE DEW pearl-up eyes－ GOLD KHAKI)

拯救以显色难看著称的
眼影小兵大行动

家里至少会有一个看着非常漂亮，但一旦涂上去，就会让你的眼球顿时"热泪盈眶"的那种眼影。取名为难看的家伙！我的抽屉里也有一个。

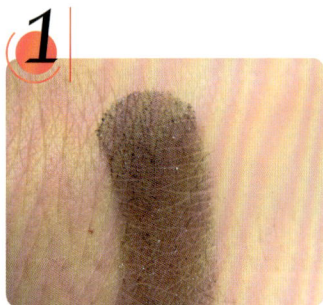

1

刚开始购买这个眼影时，真的是连觉都睡不着。类似于涂了一层炭灰的显色，用手指揉擦也一动不动的强力色彩，整不好会让你吃不了兜着走。

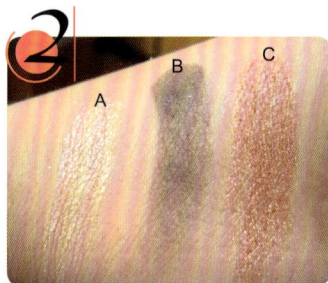

2

A　B　C

今天就让我来拯救一下这被万人指责的丑小鸭眼影吧。单独使用一定会失败，所以要与其他的颜色配合着使用。

3

在没有做毛毛整理的眼睛上，先涂上B色！因为今天没有出门必要，所以没有修毛。

4

然后在眼底处也涂一涂。

5 用眼线笔画下眼线。单独涂抹真的很难看吧。再没有比这个还难看的了。

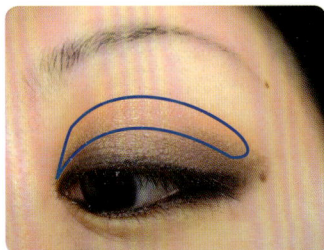

6 利用C色，覆盖涂有B色的1/3部分。

7 然后用珍珠亮感大的眼影涂抹于此部分，使两种颜色自然协调。

8 闭上眼睛，就是这样！

9 夹完睫毛，拍一个完成照！稍微笑眯了眼睛，但眼睛看似一点都没有笑的照片。因为照得很近，睫毛看似蟑螂，但不会吃掉你！如果从远处看，眼睛会显得又大又漂亮。

使用产品

A VOV 炫彩眼影系列 – 黄金色系 VOV pearl-up eyes string pearl-Gold string

B VOV 炫彩眼影 –chatle black pear（VOV pear-up eyes–chatle black pear）

C 贝玲妃欲眼迷离眼影闪粉 – 咖啡色 (Benefit sparkling eyepowder–Brown)

大婶的化妆小技巧

3分钟超速化眼妆

肌肤底妆必须用心去化。因为化得越迅速，之后晕妆或浮妆的现象就越严重。但是眼妆，只要用这个方法，就可以飞速搞定。和老公出门那天，老公在一旁催你快点准备的时候，或者睡懒觉要迟到的时候，可以使用这种眼妆化法。这是我经常使用的方法。

1 首先，准备好被老公催得坐立不安的达人金总忙老师的眼睛。

2 首先用食指蘸取一点深色眼影（推荐棕色、灰色、紫色、绿色）。不要在眼睛上来回抹，只要轻轻蘸一点就好。

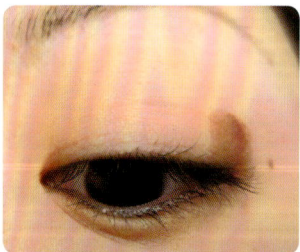

3 轻轻点在眼尾处。

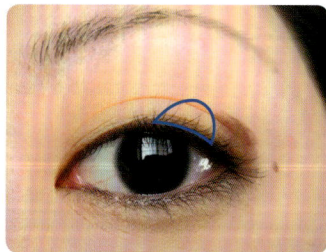

4 然后在此范围内晕染开。

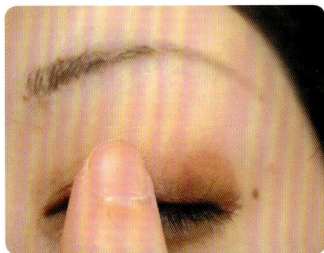

5 这个时候，利用食指晕染就好。

6 睁开眼睛就是这种感觉。不是很自然吗?

7 最后，用眼线液只画上眼线。因为没有时间，下眼线就请省略。也没有夹睫毛的时间，所以就只刷睫毛膏了。

8 完成即这种感觉了!

9 真的很简单，全部下来用不到 3 分钟，这不是连用心化出来的眼妆都会自惭形秽的深邃又迷人的眼睛吗。难道这只是我一个人的错觉?

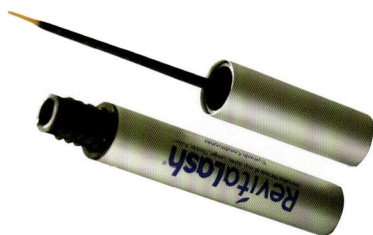

大婶的化妆小技巧

只用了两种颜色——
不同氛围的两种眼妆

不使用多种眼影，也能化出各种不同风格的妆。这一次就要告诉你这种化妆方法。

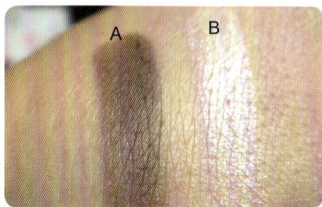

使用这两种颜色。

A 迪奥 CD 全新双色 – 胭脂 775 棕色（Christian Dior 2 色 –COULEURS 775 棕色）

B 迪奥 CD 全新双色 – 胭脂 775 银白色（Christian Dior 2 色 –COULEURS 775 银白色）

◎眼妆 1

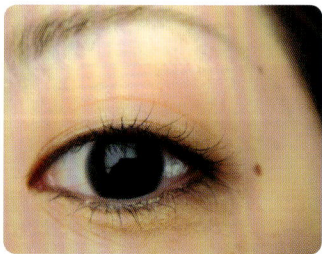

1 先准备好素眼。

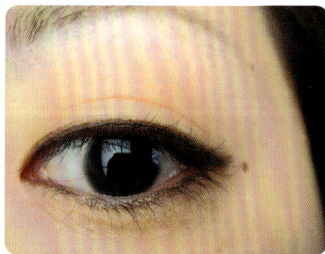

2 利用眼线笔画眼线。厚一点也无妨。

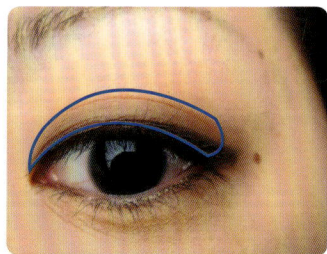

3 然后将 A 色涂抹于此部分。眼线也一定要用眼影铺盖好。温暖地～

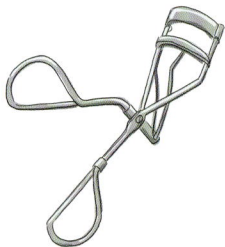

4 再用倒霉的表情，睁开卑鄙的眼睛，利用眼影棒在眼尾处斜着插上一根柱子。

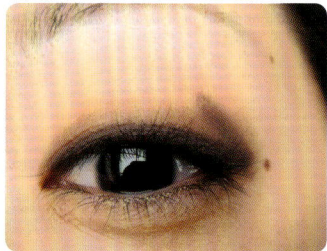

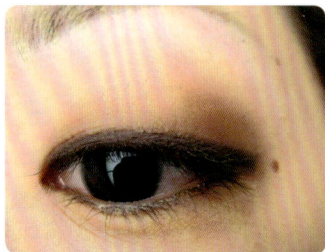

5 用干净的手指，轻轻揉搓刚刚涂了眼影的部分。

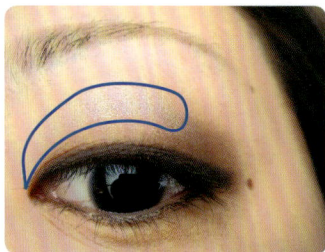

6 然后用 B 色涂抹此部分。

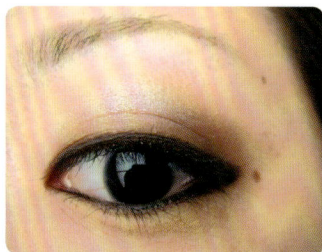

7 利用眼线笔再画上下眼线。

8 利用 B 色，涂抹出便便的模样。

9 再稍微夹一夹睫毛。

10 利用眼线液，画出强调眼尾的眼线。如果觉得不自然，可以省略。

11 刷完睫毛就完成了！

大婶的化妆小技巧

◎眼妆 2

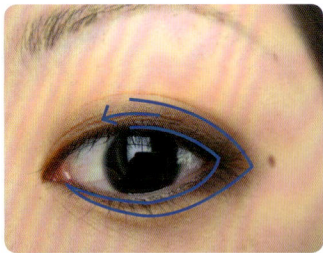

1 先利用 A 色涂抹此部分。双眼皮处不要全部涂上，只涂一半，再利用眼皮上剩下的眼影，顺着箭头方向晕染。

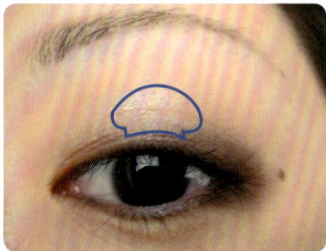

2 然后用 B 色涂抹出洋松茸的模样。如果有人不会画洋松茸，画个双孢菇也可以。

3 只涂这些还有些单调，所以再用绿色眼影涂抹在此部分。不涂也可以哦！

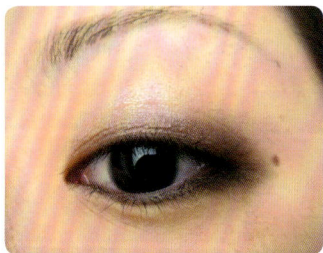

4 就像这样。

5 然后利用眼线液稍微画一下上眼线就完成了。

用眼影刷涂抹遮瑕膏

想要涂一层薄薄的遮瑕膏，但是没有遮瑕膏专用刷子时，我会使用眼影刷。利用唇膏刷也可以。

⊙不同脸型的不同打阴影方法

1 刷子要使用这种比较稠密的。

2 富有弹性的为好。不过一定要洗干净再用，如果直接用此涂遮瑕膏，脸上会呈现出彩虹。

3 先用刷子吸收好遮瑕膏。

4 在手背上左右揉刷子，使遮瑕膏能够铺匀铺薄。

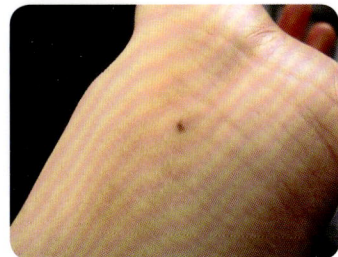

5 本想露脸，可是实在不好意思呈现我的肌肤和毛孔，还有毛囊虫……在此就试着盖住长在手腕上的小斑点吧。

大婶的化妆小技巧

◎ 用遮瑕膏遮盖斑点

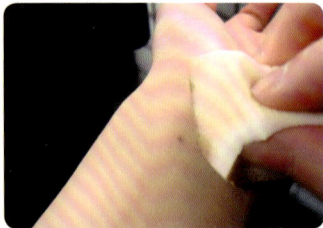

1 首先，将粉底整体涂好。

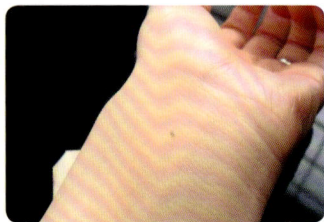

2 比起其他斑痕，遮盖斑点难度更大。只用粉饼根本搞不定，一定要用遮瑕膏。

3 用上面说明的方法，涂一层薄薄的遮瑕膏。这时候若用手指涂不仅会变厚，而且会因为手指容易吸收遮瑕膏，而发生想要盖住的部分周围越来越厚，而真正需要的部分却遮盖不了的情况。

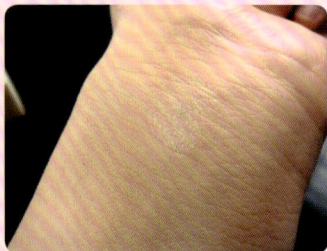

4 哇呜～涂抹遮瑕膏的部分太明显了。

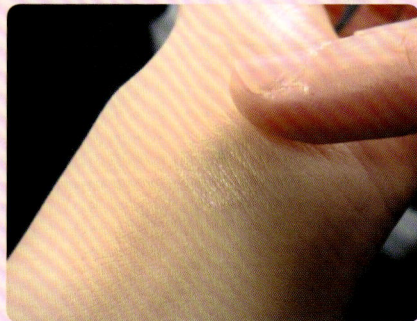

5 这时，用手指轻轻拍打涂有遮瑕膏的部分，使其更好地吸收。

我最想要的化妆书

132

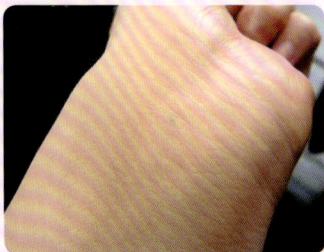

6 像这样，使涂有遮瑕膏的界限不太明显。

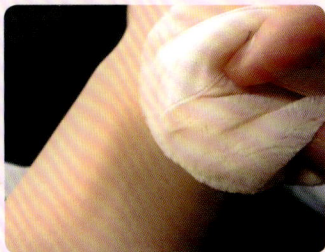

7 然后再擦上少量蜜粉。

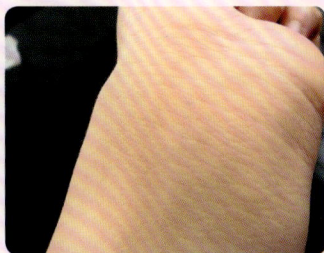

8 叮咚！是不是不见了很多？这是没有用遮瑕膏刷的时候涂出来的。如果没有结实的眼影刷，最好还是买一个遮瑕刷。再怎么说，专用的还是比较好的。

Chapter 6

完美的后续工作，
卸妆和补妆

大家都知道卸妆比化妆更重要这个事实吧。
只有卸得干干净净，第二天才能化出更漂亮的妆！
还有，化出满意妆容的时候，也请不要忘记中途补妆哦。

卸掉顽固的眼妆

化了浓眼妆的时候，卸妆真不是开玩笑的。尤其画了眼线的时候，用卸妆产品卸完一次，再用泡沫洗面奶洗个 2～3 次，还是会将眼睛变熊猫眼。所以，先将这些重点部分卸完，再做 1 次脸部清洁为好。若不然，色彩和粉底残余物搅和在一起，越洗越脏，变成花脸猫。

1 化了这种浓妆的时候，我都是先卸重点部分。

2 将卸妆产品蘸在棉棒上，按压一小会儿，使其充分吸收，不然卸妆产品进入眼睛会很疼哦。

3 轻轻按压下方，利用棉棒轻轻揉搓。一定要轻～不然会刺激到眼睛！

4 上眼线也用同样方法，轻轻按压眼皮部分擦涂。如果过于使劲，即使不疼也会泪哗哗～睫毛部分也不要忘记擦掉脏水。

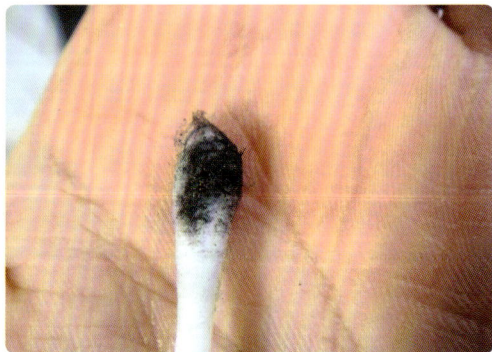

5 呀～好杂乱！这样先卸掉眼妆，再做 1 次整体卸妆，不仅脸部不会变黑，洗完之后照镜子也不至于发现一只大熊猫。

我最想要的化妆书

卸掉浓浓的唇妆

　　到卸妆的时候，通常嘴唇的妆已经不见踪影。但是偶尔涂浓浓的唇膏或液体唇彩时，还是会留有一些颜色。残留下来的唇妆，也要先卸干净再洗1次脸，才不会变成小丑。

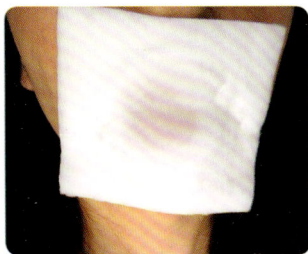

1 用化妆棉蘸取重点妆的卸妆产品，轻轻贴在唇部。可以不用太久，只需要1分钟左右。

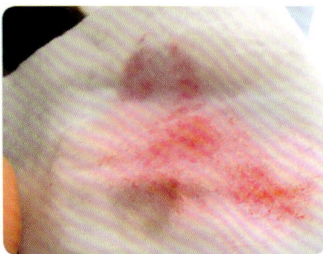

2 浓浓的唇膏就会这样卸下来。这个时候，不要就这样完了哦。

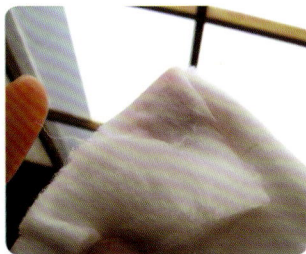

3 再将化妆棉折叠出没有沾到唇膏的部分。

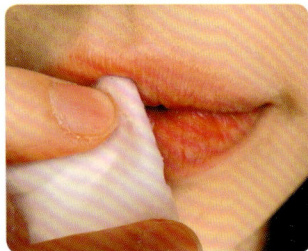

4 将那些夹在唇纹纹理之间的残余物清除干净！

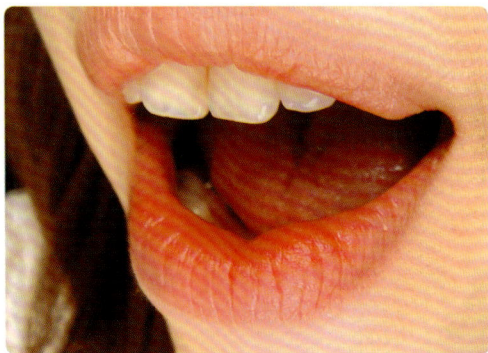

5 为了给大家看已经彻底清洁后的嘴唇，照了一张……啊呜，高兴～

卸掉防水睫毛膏

你是怎么卸睫毛膏的？我一般在1次卸妆时一同卸掉，但是这样做睫毛膏会粘在脸上，总觉得卸得不够彻底。但因为嫌麻烦，最终还是在1次卸妆时一同解决。今天为了给大家介绍正确的卸妆知识，特别运用了从肌肤护理中心学来的方法。

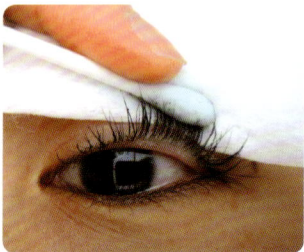

1 在肌肤护理中心，护理师卸妆时都是这么做的，下面垫一张化妆棉，再用棉棒蘸取卸妆产品，仔细卸妆。

2 这样做，棉棒上和化妆棉上就会粘出睫毛膏。

3 最近新出了睫毛膏专用洗净剂，卸睫毛膏十分方便。就像图示，棒中会有沟，其中夹有洗净剂。像刷睫毛膏一样，刷一两遍睫毛就干净了。

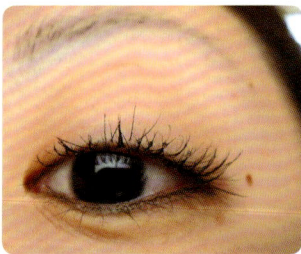

4 就像这样，在没有刺激的状态下，洗净剂会一滴一滴地掉在睫毛上。隔1分钟，再用棉棒清除，睫毛膏就会融化着卸掉。

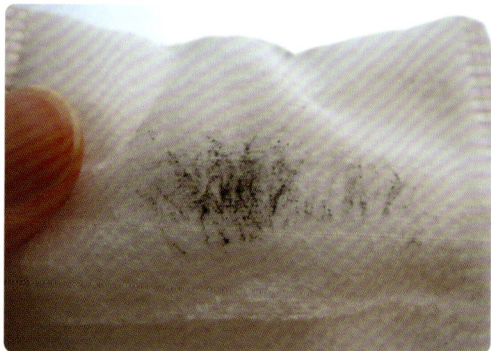

5 用此方法既能简单卸妆，还不会刺激到眼睛，所以我非常喜欢用此方法。不过，如果家里没有睫毛膏专用洗净剂，也不必非要购买。用重点卸妆产品清洗干净不用的睫毛膏刷，在上面蘸上重点卸妆产品，梳理几次睫毛，也能获得同样的效果。

1 次洗脸要仔细

"卸妆比化妆更重要。"这是广告语的复制！小时候，从来没有想过我是一只可怜的小绵羊，根本无暇关注这些广告，而只专注于跳皮筋和动画片。

但是现在想想，卸妆真的是非常非常重要。刚开始学化妆时，没有找到真正适合自己的卸妆法，而只是用了从姐姐那里偷学的三脚猫功夫。因为姐姐的卸妆法并不适合我，还曾经出现过很多肌肤问题。这是我的教训。

化过妆之后，若不卸妆，就与用积累了一天的废弃物和皮脂来做脂肪面膜相差不多。把已氧化的脂肪留给肌肤，肌肤因为无法呼吸而窒息，会产生很多问题，即使做再多营养面膜，都无法吸收，会变成名副其实的大鳍毛齿鱼！

我每天只擦防晒霜或底妆，可以省略 1 次卸妆吗？用一般的香皂或洗面产品是无法彻底洗净防晒霜或底妆的。而且又不像彩色产品和粉底那样，能通过颜色来判断是否洗净。至于防晒霜，防晒系数越高越难洗净的事实，你应该知道吧？所以 1 次和 2 次卸妆是必须的！

◎ 1 次洗脸产品

液态 有利用化妆棉擦除的产品和直接涂抹于脸部的产品。无油性卸妆液适合对油性敏感的肌肤，但比起油或霜，其清洁能力会减少很多。不过一般的底妆都可以清洗干净，又不会油光满面。啊呜，感动！不过，使用化妆棉的产品时，不宜过于用力，要注意不要刺激到肌肤，一定要温柔地～

油 最近真的有很多人使用卸妆油。油性肌肤的我，在一年之前也一直用卸妆油，虽然有些奇怪为什么换用无油基础品，还是不见肌肤有变化，但也还是继续使用卸妆油。不过，卸妆油与因缺少水分而产生的肌肤问题没有关系。卸妆油具有超凡的洗净能力，还能做柔和的按摩，让肌肤感到舒适，但要利用亲水性产品。如果用料理用橄榄油或豆油，不仅很稠，卸妆之后洗脸时也不易溶于水中，可能会产生适得其反的效果，所以一定要使用卸妆专用油。

霜 含有丰富油分的霜具有很强的洗净力，且温柔的乳状还能给肌肤留下黏性，对干性肌肤真是很好，不过用水清洗时要非常仔细才可以。我母亲的肌肤是干性的，所以她都会使用霜状卸妆产品。刚开始学化妆那会儿，我也学妈妈用了霜状卸妆产品……哇呜！完全是自讨苦吃！完全不适合像我这种缺少水分的油性肌肤，各种肌肤问题接踵而至，惨痛教训至今记忆犹新。

卸妆巾 利用饱含卸妆乳液的湿巾卸妆真的非常简单，适用于出门旅行或真的真的懒于卸妆时。但湿巾不能像其他产品那样，可以在滚动按摩中清除污垢，要想清除毛孔内的废弃物会比较难，而且对于敏感性肌肤还有可能造成刺激，这个产品只能用于非常时期为好。是吧？

◎ 1 次洗脸方法

首先洗净双手，去除手上的水分，将卸妆产品倒在掌心。每种卸妆产品都有建议使用量，请看一下说明。然后将掌心的卸妆产品用双手揉搓好，用手的温度使其升温，卸妆产品就能更好地铺开。

在双颊、额头、下巴等区域整体抹匀卸妆产品，再用手指非常小心地滚动按摩。卸妆时，若像做营养霜按摩那样按摩得太久，从毛孔出来的废弃物或皮脂会害羞地重新钻进毛孔，因此 1 次卸妆一定要在 1 分钟内结束。按摩途中，若感觉手涩，可再倒一些卸妆产品，轻轻按摩。

利用卸妆产品充分按摩双颊、额头、下巴，还要照顾到容易忽视的鼻翼和鼻梁，眼睛和嘴唇也整体滚动按摩着卸妆。脸部线条和下巴线也不能忘记哦。还好最近电视和网络上都有介绍正确卸妆的方法，即使第一次卸妆的人也可以做得很好。

如果说我以前的肌肤是超级无敌差，那么现在可能是因为遵守了正确的卸妆方法，肌肤只是无敌差啦。也许你会说："为什么还是差？"哎呀，不是少了"超级"两个字吗～虽然肌肤好了很多，但还是留有痕迹……我那光荣的斑痕，啊呼呼！

向 2 次卸妆挺进～

2 次卸妆还是要很仔细

　　1 次卸妆结束，就该步入 2 次卸妆阶段了吧？如果明天早上不想看到满脸污垢斑痕的脸蛋，不要嫌麻烦，一定要做 2 次卸妆～

◎ 2 次洗脸要领

1 在手上倒出适量的洗脸产品，调入适当水，双手揉搓好使其与空气充分接触。这样做，洗完脸肌肤才不至于那么干涩。

2 像这样长出独角的泡沫最好。利用泡沫网就可迅速出泡沫。

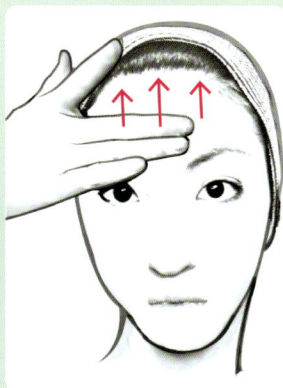

3 先将头发梳理到后面。如果在脸部干燥的状态下，直接涂抹洗面产品，因为显弱酸性的肌肤会直接接触碱性洗面产品，一定会刺激到肌肤，所以要先用水弄湿脸部。

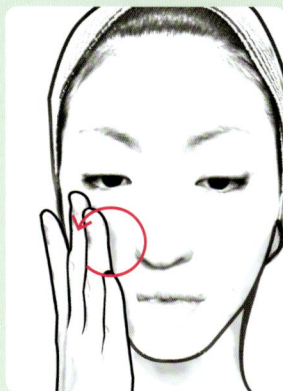

4 然后，利用脸颊上的泡沫顺着箭头方向滚动，卸掉手指的力量，用两根手指轻轻滚动按摩。洗脸时要用泡沫按摩脸部，而不能用手指用力揉搓。

完美的后续工作，卸妆和补妆

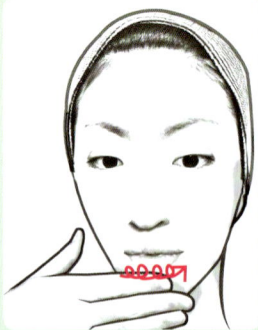

5

下巴和下巴线也要洗到，因为下巴也经常出现皮脂，所以一定要用手指轻轻滚动～

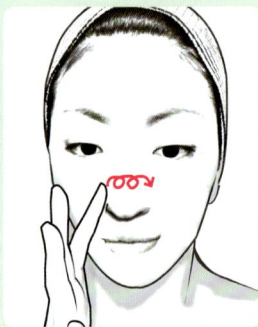

6

鼻翼也是会出现很多皮脂的部位。用一根手指滚动着按摩哦。鼻梁处，也要从下往上，刷漆似的按摩。

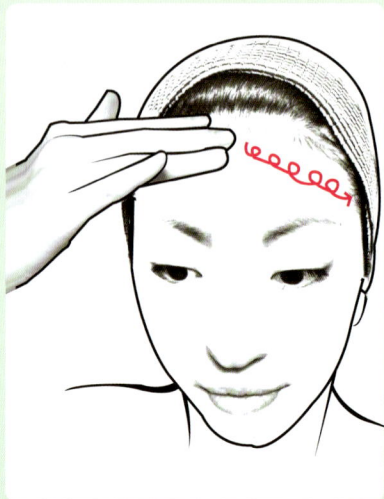

7

还有，最容易忽略的脸部线条处也要清洗干净。最后眼睛和嘴唇部位，则在整体画圆中揉搓。

◎ 2 次洗脸时注意点

用水清洗时，使用温水要比热水更能让肌肤和皮脂安心。我总是忘记冲洗了几次，所以就在心里暗自数到 20 次。虽然说 2 次洗脸只洗一次就够，但我是充满疑惑的大婶，所以 2 次洗脸也一定会洗两次。

不同肤质有不同的洗脸方法，找到适合自己的洗脸方法才是最好的。之前试过叫做"婴儿洗脸法"的储蓄肌肤水分的洗脸法，可是没想到皮脂量超速增加，反而成为"婴儿问题洗脸法"。（如果你不知道此方法，就请在网上搜索一下～）

化了妆的那天，不管有多烦躁、有多疲劳也都要做完 1 次、2 次洗脸再入睡！不然肌肤就会变得惨不忍睹，成为"give to dog"也不会可惜的类型。让我最最后悔的事情就是，小时候化妆之后，没有认真做好卸妆。啊啊啊啊～提起以前的事情，又开始悲伤起来了。不再说了，呜呜呜……

清洗工具与清洗脸部一样重要

都说卸妆比化妆更重要，其实化妆工具的清洗也很重要。如果没有做好粉扑和刷子的清洁工作而继续使用，不仅会卡粉，还会沾满细菌。化完妆就会成为细菌人，若不吃烧饼，会出大事。

粉底刷　至少一周洗涤一次。这是涂液态产品的工具，因此细菌会将此当成运动场一样乱跳。最好的方法是，用完立即洗涤。但如果觉得很难做到，一周至少也要洗涤一两次。

粉底粉扑　如果出现卡粉或无法铺匀的情况，这就是"快快洗一洗～"的信号。我使用的是固态粉底，粉扑的两面都会利用，所以要经常洗涤。若不然，会出现卡粉的情况。如果你使用的是液态粉底，还要与粉底刷一样，经常洗涤为好。

蜜粉粉扑　如果涂抹出的蜜粉不够细密，或粉扑表面出奇地锃亮，不必犹豫，立即洗涤粉扑。这是不能不洗涤的信号。在有此信号前三个星期要洗涤一次粉扑。因为比较干燥，所以没有粉刷那么多细菌，不过一旦产生细菌还会转移到与粉扑共处一个空间的粉饼上，所以一定要经常洗涤。

蜜粉及腮红刷　刷出粉块儿，或刷子开始打结时，就应该洗涤。我一般都是3~4周洗涤一次。如果过于勤洗也会伤到刷毛，所以一个月洗涤一次会比较好。

眼影刷　当眼影出现块状或刷子闪闪发光时，就要洗它。如果不予洗涤继续使用，不仅显色度差，还不利于眼睛。一个月要集合一次所有刷子，来一次大洗浴！至少也要两个月一次……

眼线及唇刷　这两种刷子也是使用液态产品的，因此也会成为细菌们玩耍的场所，所以一定要及时洗涤干净。不过与其洗涤，不如用消毒酒精稍微冲洗一下，再用纸巾擦一擦为好。不过当刷子开始有中分偏分现象时，必须洗涤。

完美的后续工作，卸妆和补妆

这是已经达到巅峰状态的脏粉扑和脏刷子。是到了该洗一洗这些家伙的时候了。

◎刷子

1

先来洗一下刷子。将刷子专用清洗剂适量倒入小碟子中。清洗刷子时最好使用刷子专用清洗剂。如果用粉扑清洗剂清洗，刷毛会受损。利用洗发乳洗涤也是一个方法。

2

立起刷子，轻轻摇晃一下。桑巴～

3

出来这样浓浓的故乡汤水了吧，可不要放进大葱就当汤摆出来卖!

4

挤出这些白嫩的汤水后，还会看见留有粉底成分吧?

5

用温热的流水冲洗，就可以清洗得很干净，不会留有粉底残留物。用凉水不易清除油分。

6

利用手指，顺着刷毛方向，从里到外推开。

7

就可以变得如此干净!

◎ 蜜粉粉扑

1 粉扑用专用清洗剂清洗为好。将清洗剂轻轻洒上。

2 铺匀。

3 蘸上一点水，小揉小搓地清洗。

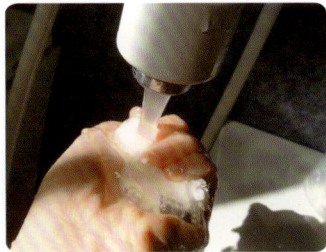

4 在流水中冲洗，直到不见泡沫。

5 变成如此白皙、毛茸茸的蜜粉粉扑了。

6 最后，用双手手掌按压，既可以挤出水分，还不会伤害到粉扑质地。

完美的后续工作，卸妆和补妆

◎粉底粉扑

1 这是粉底粉扑。

2 洒上粉扑专用清洗剂，轻轻揉搓，使其渗透到粉扑中。

3 蘸上一点水，继续揉搓，脏水潺潺流出～

4 一边用流水冲洗，一边用双手揉搓，就能将清洗液冲干净。

5 变成像新娘子一样白白嫩嫩的粉底粉扑了。

将洗好的化妆工具，晾于阴凉处。粉底刷要倒着挂，毛才不会裂开。有些人为了保持工具原来的质地，将其放进盒子中或包在纸巾中晾干，可是这样晾干因为无法干透，不是很好，而且白色的刷子还有可能变色。倒着挂起来，既能使其干透，还能保持质地。

蜜粉粉扑也请挂好晾干。另外粉底粉扑可在阴凉处垫一张纸巾，放在上面，一天就能干透。

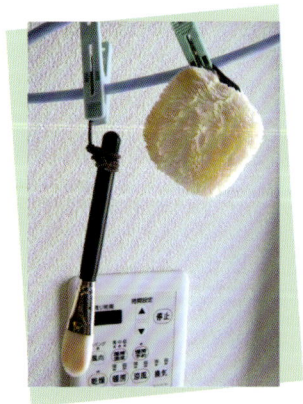

下午3点，补妆时刻

油性肌肤要比干性肌肤更注重补妆。当然，干性肌肤需要补充水分，也要整理一下睫毛膏晕妆部分。不过在此先按油性肌肤特质说明补妆技巧，若有不适合干性肌肤的内容，我会另外做说明。

1 先用吸油纸吸除油分。用天然麻的吸油纸要比吸油膜好一些，因为吸油膜会推掉粉底。使用吸油纸时一定不能用力按压，而是要慢慢地、若即若离地反复接触肌肤。干性肌肤不需要使用吸油纸，若有油分则只需触一触 T 字部位就好。

2 做好吸油工作之后，用面部喷雾补充与油分一同失去的水分。最近有很多携带方便的迷你型喷雾，装一个在化妆包里会很实用。每当干燥时喷一喷就好。但过于近距离，会弄坏妆容，所以一定要保持一定距离，左右摇晃着均匀喷雾。

3 如果这样摇晃着脸，就可能会被人骂"这个疯……"另外，等水分少了之后，用手掌轻轻拍一拍，使肌肤充分吸收水分！水珠还很大时拍脸会毁掉妆容。

完美的后续工作，卸妆和补妆

4

用控油蜜粉轻轻按压多油分的T字部位！这个当然也有可能不适合干性肌肤。补妆时，先看肌肤状态，再决定用不用蜜粉。

5

再用刷子蘸取一些高光粉。

6

重新涂刷早上打过高光粉的部位！过了一段时间之后，高光粉的闪亮就会消失。如果早上的感觉还保存得完好，也可不必重刷高光粉。

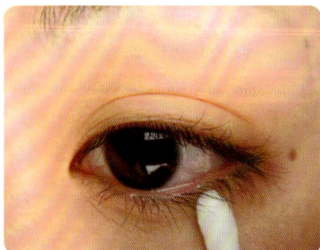

7

然后，用蘸了重点妆清洗剂的棉棒，就可以完美清理睫毛膏或眼线的晕妆部分。化烟熏妆时，更要频繁修补妆容。

一点都不会好奇？大婶的化妆包

就像题目那样，你可能一点都不会好奇，不过我还是要给大家展现一下大婶的化妆包。仔细观察周围的人，发现有些人根本不带化妆包，或者有些人干脆用化妆包搬家。出门2～3小时就回家时，我也不会带化妆包。因为很重，也麻烦。但需要长时间在外面的时候，为了补妆一定会带上化妆包。如果只化了肌肤妆，则只带吸油纸或蜜粉就好，如果化了唇妆，则只带那天涂抹的唇膏或唇彩就好。若眼妆很浓时，还要带上棉棒！

1 鲜花盛开的化妆包。

2 我会精心装满要携带的化妆包。原本不是这么整洁，而是很杂乱～散乱～这不是要照相吗，所以稍微整理了一下。

3 一般都在下午2～3点时补妆。另外我的肌肤特别好高光粉，每当这个时候高光粉早已被肌肤吸收得无影无踪。所以补妆时一定要稍微再刷一刷高光粉。

4 唇膏不会带很多，只会带一两种，而且是当天涂的唇膏或者唇彩，因为我有吃饭时将唇妆产品当下饭菜吃掉的本领。

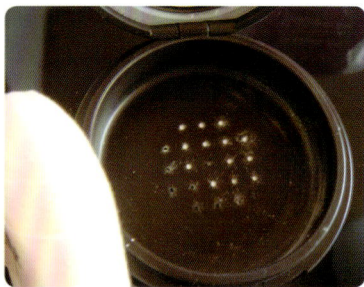

5 还有，T字部位若不擦控油粉，我的脸即刻就变产油国。

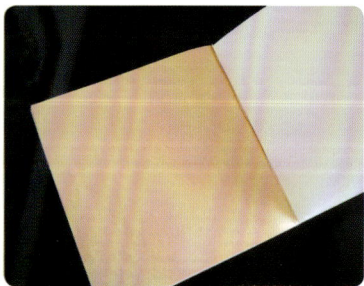

6 另外，千万不要将吸油纸乱扔街头。尤其是吸油蓝膜，呀吗～

7 还有我的秘密武器……是棉棒，可不是为了独自享用偷偷装在化妆包里的小食品哦。

8 在棉棒上蘸一点重点妆清洗剂，再用保鲜膜包裹好，防止清洗剂的蒸发。或者将重点妆清洗剂装入小容器中，再另外带棉棒。化了烟熏妆时，这个小棉棒会成为你的救世主。

9 最后再带上面部喷雾！真的非常有用！带上正好能放进化妆包的尺寸的为好。当脸部干燥时，用吸油纸处理完油脂之后，喷一喷即可拥有粉嫩妆容。

化妆包里不要杂七杂八地放太多东西，只放一些修补妆容所需的产品就好，这样既不用担心弄丢，包包也会变得轻便……good,good,good!

有型，有智，生活才乐活，开启你的美丽生活

NO.1 达人老师系列

陆小曼独门发术

作者：陆小曼
定价：29.80元
2009.12出版

妆出美丽——从素颜到明星的神奇蜕变

作者：唐毅
定价：29.00元
2010.1出版

美装革命——造型天后的美丽秘笈

作者：谢丽君
定价：32.00元
2010.3出版

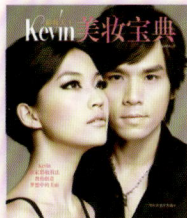

彩妆天王Kevin美妆宝典

作者：Kevin
定价：25.00元
2009.4出版

彩妆天王Kevin裸妆圣经

作者：Kevin
定价：25.00元
2009.1出版

彩妆天王Kevin裸妆圣经&美妆宝典（套装版）附赠80分钟 DVD教程

作者：Kevin
定价：58.00元
2009.12出版

露露胖公主变身记——从70kg大肥女到当红性感瑜伽天后

作者：LULU
定价：25.00元
2008.5出版

LULU'S好孕瑜伽——产前先修班 （附赠DVD光盘）

作者：LULU
定价：39.00元
2008.3出版

瑜伽天后LULU'S脊美瑜伽 （精华版）（附赠DVD光盘）

作者：LULU
定价：39.00元
2009.3出版

NO.2　Cosmo都市"智"女郎系列

我最想要的化妆书
（My Wannabe 系列）
作者：[韩]边惠玉
定价：29.00元
2010.1 出版

30年后，你拿什么养活自己?
作者：[韩]高得城 郑成镇
崔秉熙
定价：28.00元
2010.1 出版

喜欢照镜子的女人不会老
作者：[日]山村慎一郎
定价：25.00元
2010.1 出版

神奇巴娜娜! 香蕉早餐减肥法
作者：[日]哈麻吉
定价：28.00元（全两册）
2009.7 出版

NO.3　Cosmo都市"型"女郎系列

零岁肌无纹美人
作者：三采文化
定价：25.00元
2009.12出版

变美变瘦 代谢力决定
作者：三采文化
定价：25.00元
2009.12出版

内体质决定你的美丽
作者：三采文化
定价：25.00元
2009.12出版

美腰力，轻松塑造小蛮腰
作者：三采文化
定价：25.00元
2009.12出版

不复胖，变身永瘦体质
作者：三采文化
定价：25.00元
2009.12出版

Magic勺子美颜小脸书
作者：[日]小林浩美
定价：22.00元
2009.10出版

NO.4　Cosmo都市"乐活"女郎系列

我就是化妆品达人
作者：张丽卿
定价：25.00元
2008.1出版

我就是化妆品达人2——品牌没有告诉你的事
作者：张丽卿
定价：28.00元
2008.9出版

我就是化妆品达人3——保养品和你想的不一样
作者：张丽卿
定价：28.00元
2008.9出版

3分钟美丽急诊——神奇的美容经络按摩26效（送神奇刮痧板）
作者：邱胜美
定价：28.00元
2009.1出版

灰姑娘升职计——20～30岁OL职场百科全书
作者：[韩]林庆璇
定价：25.00元
2009.1出版

女人变有钱真简单
作者：[韩]李智莲
定价：25.00元
2008.10出版

做女人要有心机
作者：[韩]二志成
定价：25.00元
2008.5出版

快乐人生7步骤
作者：[美]玛西·西莫夫
定价：29.80元
2008.9出版